胶管成型设备与制造工艺

张　馨　杨　昭　主编
张英稳　徐云慧　主审

化学工业出版社
·北京·

本书介绍了胶管的名称、分类、规格表示与计量方法，胶管成型方法及特点，胶管骨架层线材的包覆角，胶管成型前的准备工艺等，又从常用的胶管成型设备的角度出发，详细介绍了橡胶压延机、橡胶挤出机的结构组成与作业联动生产线，以及橡胶压延与挤出的基本原理和工艺条件、方法。并结合实际生产，介绍了胶管编织机、缠绕胶管成型机的基本结构、工作原理、技术参数、安装、调试、维护与保养、编织机与缠绕成型机的选用和胶管编织成型、胶管缠绕成型的工艺流程、工艺要点和联动生产线以及针织胶管、夹布胶管、吸引胶管的基本成型工艺。

本书可作为从事橡胶胶管、密封条等挤出制品研究、生产和管理的科技工作者的有益参考书，也可作为高校材料相关专业的教学用书。

图书在版编目（CIP）数据

胶管成型设备与制造工艺/张馨，杨昭主编. —北京：
化学工业出版社，2019.7
ISBN 978-7-122-34323-9

Ⅰ.①胶… Ⅱ.①张…②杨… Ⅲ.①胶管-成型-设备
②胶管-生产工艺 Ⅳ.①TQ336.3

中国版本图书馆 CIP 数据核字（2019）第 071279 号

责任编辑：提　岩　于　卉　　　　　文字编辑：李　玥
责任校对：杜杏然　　　　　　　　　装帧设计：王晓宇

出版发行：化学工业出版社（北京市东城区青年湖南街 13 号　邮政编码 100011）
印　　装：河北鹏润印刷有限公司
710mm×1000mm　1/16　印张 13¾　字数 258 千字　　2019 年 9 月北京第 1 版第 1 次印刷

购书咨询：010-64518888　　　　　　　售后服务：010-64518899
网　　址：http://www.cip.com.cn
凡购买本书，如有缺损质量问题，本社销售中心负责调换。

定　　价：56.00 元

前言

进入 21 世纪，高分子材料的发展非常迅速，其产品品种日新月异，产品性能也在飞速提升。胶管作为高分子材料制品之一，品种繁多、应用广泛。为了给胶管从业者学习、掌握胶管生产的相关知识提供参考，编者总结多年高分子加工工艺原理与橡胶生产设备的教学、科研设计与工程实践的经验与体会，结合南京利德东方橡塑科技有限公司的实际生产情况，还参考了一些相关文献，编写了本书。

本书在选材、撰写、统稿过程中，充分体现了简明、实用的特点。

（1）充分考虑胶管成型设备与制造工艺的密切联系，将二者有机结合、贯通，始终围绕着胶管成型主体，即从设备的结构与工作原理等开始，到设备的选型，再到制造工艺等，逐步加以介绍分析。

（2）突出实用性，从实际生产出发，主要介绍胶管成型设备与制造工艺。在成型设备方面，重点介绍设备的基本结构与工作原理、主要技术参数、安装与调试、维护与保养、常见故障与排除方法、设备检修、成型设备的选用以及胶管成型的附属设备与流水生产线等；在制造工艺方面，主要介绍压延、挤出工艺方法、工艺流程、工艺要点与工艺控制点标准和胶管的结构与结构参数、工艺方法、工艺流程、工艺要点与工艺控制点标准等。对从事胶管生产的工作者，具有直接的指导意义。

（3）在系统、完整、连贯性地介绍胶管生产所需成型设备与制造工艺的基础上，结合南京利德东方橡塑科技有限公司的实际产品，根据生产工艺流程，在同类设备与工艺中，选取有代表性的进行详细讲解，其他则作为简单介绍，避免了罗列，让读者能清晰地了解、掌握胶管生产的整个过程。

（4）内容简明扼要，通俗易懂。不但考虑到工程技术人员对胶管生产技术的要求，也考虑了一线设备操作者对操作和使用的要求。避免繁杂公式的推导，但对公式的含义与应用也作了清晰的解释。

本书由徐州工业职业技术学院张馨、杨昭主编，朱信明、聂恒凯、柳峰、姚亮参编。南京利德东方橡塑科技有限公司质量检测部部长张英稳高级工程师、徐州工业职业技术学院徐云慧主审。

由于编者水平所限，书中不足之处在所难免，欢迎广大读者批评指正！

编者
2019 年 5 月

目录

1

概　述

1.1　胶管的用途和发展

1.1.1　胶管的用途

胶管是由内胶层、外胶层、骨架层加工制成的中空管状橡胶制品，广泛应用于农业生产及交通运输各部门，在不同压力下输送固体、液体或气体介质。例如：汽车用刹车胶管、农业用排吸胶管，各种输油、输蒸汽、输酸碱等胶管。胶管的生产是橡胶工业的重要组成部分。

1.1.2　胶管的发展

胶管生产的发展趋势为无接头、大长度、大口径、高耐压。胶管的生产与研究应向着不断改进工艺、改进骨架材料、扩大使用新型高分子材料方面去发展。

胶管的骨架材料是胶管的增强层，其强度按棉→人造丝→维纶→尼龙→聚酯→钢丝的次序逐渐增加。骨架材料强度的增加，意味着骨架层数的减少和管体重量的减轻，相应地提高胶管的爆破压力、脉冲、屈挠性能。因此，以合成纤维代替天然纤维，以高强度碳素钢丝、不锈钢丝代替普通钢丝骨架，才能适应越来越高的技术性能要求。

胶管加工、成型方法的改进，直接关系到产品质量及生产效率的提高。如软芯、无芯成型法可以实现连续化生产，既简化工艺又改善劳动条件。在硫化方法上采用新型硫化介质如熔盐硫化、微波硫化等有利于产品外观质量改善及实现连续硫化。

随着胶管工业的不断发展和新型高分子材料的不断出现，采用橡胶与其他高分子材料复合及并用制造胶管愈趋广泛。这类胶管不仅具有胶管耐高压及柔软、弯曲性能，而且具有优于橡胶的抗介质、抗臭氧老化性能。常用的材料如聚乙烯，具有优越的耐酸碱性；聚氯乙烯具有优越的耐溶剂、耐油性；聚四氟乙烯具有优越的耐酸、碱及电化学腐蚀性，耐溶剂性；氯磺化聚乙烯、氯化聚乙烯具有优越的耐溶剂及耐臭氧老化性。

由于液压技术不断发展，合成树脂软管的发展尤为迅速。其最大特点是无须硫化，且简化工艺、节省能源、提高效率、降低成本，有利于连续化生产，密度小于橡胶管，耐腐蚀、耐溶剂、耐臭氧老化性及外观色泽等方面均优于橡胶管。

1.2　胶管的名称、分类、规格表示与计量方法

1.2.1　胶管的名称

胶管习惯上按下列方法确定其名称：材料＋工艺（结构)＋用途＋胶管。如：棉线编织耐油胶管。但有些专用胶管也可按产品用途命名。如：钻探胶管、蒸汽胶管、潜水胶管等。

1.2.2　胶管的分类

胶管通常按受压状态、加工方法和骨架层材料、输送介质要求的特性进行分类。

（1）按受压状态分类

按受压状态可分为：耐压胶管、吸引胶管、耐压吸引胶管。

（2）按加工方法和骨架层材料分类

按加工方法和骨架层材料可分为：编织胶管（包括钢丝编织和纤维编织）、缠绕胶管（包括钢丝缠绕、纤维缠绕和帘布缠绕）、夹布胶管、针织胶管和其他胶管。

（3）按输送介质要求的特性分类

按输送介质要求的特性可分为：耐油胶管、耐酸胶管、耐碱胶管、蒸汽胶管、乙炔胶管、输氧胶管等。

1.2.3　胶管的规格表示方法

胶管的规格表示一般以内直径、骨架层的材料和结构、长度、耐压程度等表示。

（1）内直径

胶管的内直径通常以 mm（毫米）或 in（英寸）表示。

（2）骨架层的材料、结构和层数

骨架层的材料和结构通常采用英文大写字母来表示：P—夹布；B—编织；C/B—棉线编织；W/B—钢丝编织；S—缠绕。

胶管骨架层的层数通常以阿拉伯数字表示（缠绕胶管指单向层）。

（3）长度

胶管的长度用 m（米）表示。

（4）耐压程度

耐压程度通常以能承受的工作压力 MPa（或 kgf/cm^2）表示。

（5）规格表示方法举例

如：$\phi25\times3P\times20m—0.5(5)$，表示内径为 25mm，三层夹布层，长度为 20m，工作压力为 0.5MPa（5kgf/cm^2）。

1.2.4　胶管的计量方法

胶管的计量方法习惯上以内径与长度的乘积来表示，常用的计量单位有三种，即：标准米、cm·m 和 in·m。标准米是胶管计量的标准单位制，它是以胶管的内径为 25mm、长度为 1m 作为一个标准单位。即 1 标准米＝25mm×1m。计量单位的换算关系如下：1 标准米＝2.5cm·m≈1in·m，例如：内径为 40mm，长度为 20m 的胶管，其计量值为：

$$(40mm\times20m)/(25mm\times1m)=32 \text{ 标准米}=80cm\cdot m\approx32in\cdot m$$

1.3　胶管的成型方法

胶管的成型方法有三种，即硬芯法、软芯法和无芯法。

（1）硬芯法

这种成型方法是采用一根钢制的芯棒进行成型，即将挤出机挤出的内管坯套在芯棒上，或将压延机压延的内胶片包贴在芯棒上进行成型。其特点是成型胶管内径尺寸准确、光滑，胶层与胶布层间的密着性好。但所能成型的胶管长度较短（一般为 20m 以下）、工序烦琐，劳动强度大，水布消耗多，芯棒的存放、搬运占地面积大。所以目前除特殊要求的夹布胶管、吸引胶管，或管径较大的胶管仍采用硬芯法成型外，其他一般被软芯法和无芯法所代替。

（2）软芯法

这种成型方法是用具有耐热、耐蒸汽以及抗拉伸变形等性能较好的高分子材料制成软芯，代替钢制硬芯进行成型。这是常用的一种成型方法，除了具有硬芯法的内径尺寸准确、光滑的优点外，还具有管坯可盘卷、弯曲，操作、搬运方便，便于连续化作业、生产效率高、可生产较长规格的胶管等特点。

（3）无芯法

无芯法有内管坯充气法和内管坯半硫化法（或冷冻法）之分。充气法是在挤出机挤出的内管坯中充 0.02～0.05MPa 的压缩空气，代替芯棒进行成型。内管坯半硫化法是将挤出的内管坯进行短时间硫化，也就是所谓的半硫化（或冷冻），使内管坯具有一定的刚性，在此基础上进行成型（对规格较大的胶管，内管坯还需充入适量的压缩空气）。这种成型方法其生产胶管的长度不受芯棒的限制，生产的胶管长度可达 200～300m，简化了生产工序，节省了辅助材料，提高了生产效率，实现了连续化和自动化。但胶管口径尺寸准确性差，不适用于大口径胶管的生产。

应该指出的是由于各种胶管的使用要求、骨架层的材料、成型设备不同，并非所有的胶管都能采用上述的三种方法成型。如吸引胶管由于需要缠金属螺旋线，只能采用硬芯法成型；钢丝缠绕胶管缠绕成型时要求管坯具有较大的刚性，只能采取有芯法（硬芯法或软芯法）成型。另外，不同的胶管即使采用同一种方法成型，其工艺程序和要点也不尽相同。在以后的章节中将陆续介绍常用胶管的成型设备、工艺等相关问题。

1.4 胶管骨架层线材的包覆角

胶管骨架层线材的包覆角是胶管结构设计的一个重要参数，为了避免混淆，在此将骨架层线材切线方向与胶管轴线方向的夹角，称为胶管骨架层线材的包覆角，简称包覆角。若胶管在内压作用下，其管体的直径和长度仍保持不变，且体积呈最大值，则此时骨架层线材的包覆角称为"平衡角"（也称中性角、静止角或理论角）。如果骨架层线材的包覆角大于或小于平衡角，在内压作用下，其管体的直径和长度都将发生变化，当骨架层线材的包覆角等于平衡角时，承压效果最好。

理论推导可知：胶管的平衡角等于 $54°44'$。

现以编织胶管为例进一步说明平衡角的概念。骨架层编织于管体上，类似于螺纹结构，假设编织胶管的直径为 D，编织角（编织线与管体轴线之间的夹角）为 α，编织行程（螺距或称节距）为 T，取编织螺旋线中的一个螺距并将其展开，如图 1-1 所示。管体在内压的作用下受周向弹性力 F_1 和轴向弹性力 F_2 作用，当 F_1 和 F_2 的合力 F 的作用线与管体轴线之间的夹角等于编织角时，此时的编织角即为平衡角，其值为：

$$\alpha = \arctan \frac{F_1}{F_2} = \arctan \frac{\pi D}{T} = 54°44'$$

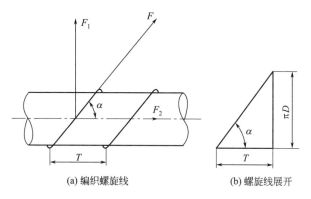

(a) 编织螺旋线　　　　　　(b) 螺旋线展开

图 1-1　骨架层平衡角示意图

一般情况下，在胶管的结构设计时，应使骨架层线材的包覆角等于平衡角，或者包覆层的综合角达到平衡角。但在实际生产中，由于材料、工艺、设备等因素，其包覆角不一定能达到平衡角。

对于多层编织或缠绕结构的胶管，常由于设备工艺等因素或者为了充分发挥各骨架层的综合作用，使内骨架层的包覆角略小于平衡角，外骨架层的包覆角略大于平衡角，即各包覆层的综合角达到平衡角。

对夹布胶管，由于受帆布经纬线的限制，一般以 45°角包覆于管体上。

1.5　胶管成型的工艺简述

胶管成型前的准备工艺主要包括胶料的制备；胶料的塑炼、混炼；胶层的制备；胶浆制备；胶布的裁断与拼接；管芯制备；线材合股；钢丝线材的预定型等。其中胶料的制备、胶浆的制备以及胶层制备中的压延、挤出、热炼等工艺是属于通用工艺，与其他橡胶制品生产所用的设备相同，只是由于产品的性能、使用要求、材料配方的不同，其工艺条件有所差异而已。以下就胶管制造工艺加以叙述。

1.5.1　塑炼工艺

单一胶种的塑炼直接采用开炼机或密炼机，如果是几种胶或橡塑并用，采用开炼机操作必须进行预掺和，制成合炼胶。采用密炼机操作时，也可直接进行混炼，但必须在混炼前进行捏合后再混炼。为保证质量，生胶在预掺和前必须可塑度相接近。如天然橡胶与顺丁橡胶、丁苯橡胶并用时，天然橡胶必须塑炼后再与合成橡胶合炼。如果是橡塑并用，必须根据不同材料选择共混操作的塑化温度。现将常用的橡塑并用工艺条件及用途、特性介绍列于表 1-1。胶管各胶制件部位塑炼胶可塑度要求列于表 1-2。

表 1-1　橡塑并用工艺条件及用途、特性介绍

品种	并用条件 （塑化温度/℃）	用途与特性
天然橡胶/聚乙烯	120～130	常用于内胶层或无芯成型内胶层耐老化,挺性好,改善工艺,降低成本
丁苯橡胶/聚乙烯	130～140	用于内胶层或纯胶管耐老化,防焦烧降低收缩率
丁苯橡胶/高苯乙烯	90～110	用于内胶层、纯胶管,耐撕裂、高强度、挺性好、成本低
丁腈橡胶/聚氯乙烯	140～150	用于内胶层、耐油、耐老化、耐燃,可改善工艺、降低成本

表 1-2　胶管各胶制件部位塑炼胶可塑度要求

胶种	胶层部件	可塑度（威氏）
天然橡胶（或与丁苯、顺丁橡胶等并用）	内胶层 外胶层 擦胶布 胶浆胶	0.25～0.30 0.30～0.40 0.45 0.30～0.40
丁腈橡胶（或与氯丁橡胶并用）	内胶层 外胶层	0.30～0.35 0.35～0.40

1.5.2　混炼工艺

　　胶管各胶层部件混炼胶可塑度见表1-3。若无芯成型的编织或缠绕胶管的内胶层是采用半硫化工艺时,其外胶层可塑度适当增大。

表 1-3　各胶层部件混炼胶可塑度

胶层部件	胶管制造工艺	可塑度（威氏）
内胶层	有芯法(夹布、纤维编织及缠绕) 有芯法(夹布) 无芯法(夹布) 无芯法(纺织、缠绕)	0.25～0.35 0.15～0.2 0.2～0.3 0.15～0.2
外胶层	挤出法 压延法	0.35～0.45 0.3～0.4
擦布胶 胶浆胶 中间胶		0.5 以上 0.3～0.4 0.35～0.45

1.5.3　胶层的制备工艺

　　在胶管制造中,凡以包贴法成型或管径较大的胶管,各胶层胶片（内胶层、中胶层、外胶层）通常采用三辊压延机压延制备。

　　对小口径的胶管或采用软芯法、无芯法成型的胶管,其内胶层通常用挤出机挤出。硬芯法、无芯法成型时内胶层挤出的是管坯;软芯法生产时内胶层是用挤出机直接包覆于软芯上。外胶层则视成型方法而定,软芯法和无芯法通常采用挤

出机挤出直接包覆于管坯上；硬芯法则是将制备的胶片包贴于管坯上。

用挤出机挤出各胶层时，应选用合适机头。一般情况下，对不带管芯的内管坯，宜选用直向机头（螺杆轴线与管坯通过机头时的移动方向相同）；而对带管芯的胶层（包括内胶层、外胶层、中胶层），宜采用直角机头（习惯称 T 形机头：螺杆轴线与管坯通过机头时的移动方向垂直）和斜角机头（习惯称 Y 形机头：螺杆轴线与管坯通过机头时的移动方向斜交）。

1.5.4　胶浆的制备

胶浆在胶管制造工艺中是用在编织和缠绕胶管生产中增加骨架和胶层间黏合力的。随着工艺的改进，胶浆应用逐渐减少，而采用直接黏合技术和中间胶片黏合法越来越多。

胶浆有溶剂胶浆和乳胶浆两种。在制备溶剂胶浆时又有稀胶浆和浓胶浆两种。稀胶浆是在编织、缠绕胶管的第一次涂浆，浓胶浆是第二次涂浆。稀胶浆胶料与溶剂比为 1∶（3～5），浓胶浆的比为 1∶（1.5～2）。乳胶浆的制备需在球磨机上分别制备配合剂的乳化液及乳胶的乳液，然后搅拌均匀待用。

1.5.5　胶布的裁断与拼接

用于制造夹布胶管（含吸引胶管）的胶帆布要经过裁断、拼接和卷取以供成型使用。

（1）裁断设备

胶布的裁断可用立式或卧式裁断机。立式裁断机的结构紧凑，占地面积小，但可裁宽度范围小，劳动强度大。卧式裁断机的可裁宽度范围大，操作方便，生产效率高，可实现裁断、拼接和卷取联动化，缺点是占地面积大。

（2）裁断方法

胶布的裁断方法通常有斜裁法和直裁法两种。斜裁法是将胶布按 45°角的方向裁成一定宽度的胶布片，并按图 1-2 进行拼接，再用成型机成型或手工包贴在内管坯上。直裁法是将胶布按一定宽度沿经线方向裁成一定宽度的布条，然后按 45°角包贴在内管坯上。在生产实际中，斜裁法应用较多。

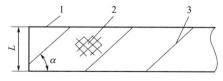

图 1-2　胶布斜裁法的拼接示意图

1—胶布裁边；2—经纬交织线；3—拼接线（边）；α—裁断角度；L—裁断宽度

裁断操作必须按施工要求进行，注意裁断宽度和裁断角度的准确性，裁刀必须锋利，对紧边或坏边的胶布要及时撕剪整齐，以保证胶布的平整性。

（3）胶布的拼接

按一定宽度和角度裁断的胶布，需逐片进行拼接，并用清洁的垫布进行衬垫和卷取，以防止胶布之间的黏附。拼接时要保证胶布平幅整齐，压边要紧实，对过厚和破碎的布边应及时剪去，以免影响胶管的质量。胶布拼接搭头宽度一般在15～20mm 范围内，搭接过多会造成胶管的椭圆度，增大胶管的外径尺寸，同时也是一种浪费；搭接太少会影响胶管的使用寿命及耐压强度。

1.5.6　管芯的制备

采用有芯法生产胶管时，需事先制备管芯，管芯有硬芯和软芯两种。

1.5.6.1　硬芯制备

（1）材料

制造硬芯的材料一般为无缝钢管或圆钢。制造硬芯的金属材料要求有足够的刚度。

（2）硬芯的要求

① 管芯应圆直平整，不应有弯曲和椭圆现象。

② 管芯外表面应光滑平整，必要时应镀硬铬处理，以增加胶管内壁的光洁性。

③ 管芯两端应钝化处理，最好加工成圆弧形，以免套管时刺破内胶片；对用钢管制造的硬芯，其一端要封堵并制成圆弧形，以便在穿芯和脱芯时产生膨胀作用。

1.5.6.2　软芯制备

（1）材料

软芯通常选用耐热和耐蒸汽以及抗拉伸强度和减少变形等性能较好的高分子材料制成，常用的有天然橡胶、丁苯橡胶、乙丙橡胶或尼龙、聚丙烯以及聚甲基戊烯等。

（2）制作方法

① 橡胶软芯的制备方法：橡胶软芯经挤出机挤出后再经蒸气硫化。为提高软芯的抗拉伸强度和减少变形，可在软芯中心以强度高、伸长少的线材加以增强。

② 尼龙软芯的制备方法：尼龙软芯可由塑料挤出机挤出后，通过冷却水槽冷却，再经外径测定仪检查，最后由履带式牵引机牵引并卷取到圆鼓。

（3）对软芯的要求

软芯要求外径尺寸准确、粗细均匀、表面光滑、柔软体轻、具有较高拉伸强度、抗冲击能力和拉伸变形小等性能指标，并能在一定的弯曲半径内自由弯曲。另外材料的热膨胀系数不宜过大。

（4）几种常用软芯的性能指标

几种常用软芯的性能指标见表 1-4。

表 1-4   常用软芯的性能指标

软芯材料	胶管内径 /mm	室温下软芯外径及公差/mm	150℃热膨胀值 /mm	软芯使用寿命 /次	软芯报废主要原因
尼龙 6	6.3	6.1±0.2	+0.2	约 50	折断
	9.5	9.15±0.2	+0.3	约 50	折断
尼龙 11	12.7	12.2±0.2	+0.5	约 80	折断,外径超差
	15.9	15.3±0.3	+0.6	约 80	折断,外径超差
	19.0	$18^{+0.3}_{-0.2}$	+0.8	约 80	折断,外径超差
	25.1	$24.6^{+0.3}_{-0.2}$	+0.8	约 80	折断,外径超差
三元乙丙橡胶	8.2	8.2±0.2	+0.2	约 60	表面龟裂,外径超差

1.5.7   编织线材的合股

为了适应编织胶管结构和生产工艺的需要，一般都要将单根线材由合股机进行合股和绕行，以供编织时使用。线材的合股是在合股机上进行，合股机分纤维线材合股机和钢丝线材合股机（见 4.2 节）。

合股操作主要应注意的问题如下。

① 合股前应按线材的质量标准，检验是否符合要求，同时应保证线材清洁无污。对纤维线材，其粗细（或捻度）不均匀的疵线应剔除或剪去；对钢丝线材，应将有油污锈蚀的钢丝剔除或清洗。

② 根据胶管的结构和施工要求，按规定的线材规格和根数进行导线、合股和绕行。

③ 开车启动时要缓慢，逐渐加速到稳定的速度，合股时速度要稳定，锭子线筒将要摇满时要逐步减速（锭子是编织机线材控制及其供线装置）。

④ 合股时应保持每根线的张力均匀一致，以充分发挥每根线的强度，提高胶管的承压能力。一般纤维线材合股时张力保持在 3～5N/根；钢丝合股时张力在 10N/根左右。

⑤ 合股时线的绕行要适当，线材在锭子上的排列应平行，均匀整齐。

⑥ 线材合股后的锭子应保持清洁，将线头扣好后存放在清洁干燥处。

⑦ 纤维线材的线接头应尽量减少，接扣应牢固、细小，各线结应错开。

1.5.8   缠绕钢丝预定型

钢丝缠绕胶管的钢丝线材需经预定型处理。对钢丝缠绕胶管而言，若缠绕钢丝不进行预定型处理，则在切断胶管上的钢丝头时，缠绕在胶管上的钢丝立即在弹性作用下松散，影响使用。缠绕钢丝经预定型后，其缠绕胶管就不会松头。缠绕钢丝预定型一般有机上预定型和机下预定型两种。

（1）机上预定型

这种工艺是将钢丝预定型和缠绕成型在同一机台上连续完成。缠绕前，将钢丝通过缠绕成型机上的专门装置（预定型管和滑动套筒），使钢丝弯曲成具有一定圈径和螺旋角的螺旋状，随后缠绕在管坯上。

（2）机下预定型

是采用专门的预定型装置进行缠绕钢丝预定型。即在钢丝进入导线机以前，先将钢丝按要求的圈径和缠绕螺距弯曲成螺旋状，供成型时使用。

缠绕钢丝预定型主要控制的参数是圈径和螺距。

2 压延机及压延工艺

　　橡胶压延机及其联动装置是轮胎及其他橡胶制品生产过程中的基本设备之一，主要用于纺织物（帘布、帆布及细布等）的贴胶与擦胶；钢丝帘布的贴胶；胶料的压片及压型（压花）；帘布贴隔离胶片和多层胶片的贴合及除去胶料中杂质等，属于重型高精度成套设备。

　　压延机应用于橡胶加工已有170多年的历史。国际上早在1843年，两辊和三辊压延机已经出现。到了1880年，国外橡胶行业已经开始使用四辊压延机。由于生产的需要，与压延机配套使用的各种联动装置也相继产生。其后，由于橡胶工业的发展需要，压延机及其联动装置不断得到改进和完善，同时各种新型压延机及其联动装置不断涌现，特别是近几十年来，由于汽车工业的发展，高速公路的出现，对轮胎的质量要求日益提高，随着橡胶工业的发展，新型原材料的应用，再加上尼龙帘布、钢丝帘布及其他新型骨架材料的应用，对压延机提出了许多新的要求，促使压延机及其联动装置向着高精度、高效率及高自动化的方向迅速发展。

　　随着橡胶工业的发展，使压延机不断更新，新型压延机的特点是规格大、产量高、精度高、自动化程度高。目前橡胶用压延机最大规格为 $\phi1015\times3000$；辊筒速度高达 120m/min；压延制品厚度误差一般为 ±0.01mm，最小可达 ±0.0025mm；用电子计算机自动控制的压延机，可达到全部过程作业自动化。

　　1958 年国内制成第一台 $\phi610\times1730$ Γ形四辊压延机。20 世纪 70 年代初又设计制造了精密型 $\phi700\times1800$ S 形四辊压延机和 $\phi550\times1500$ 新型三辊压延机及其联动装置，同时还设计制造了钢丝帘布压延设备，把国产压延设备的水平提高到了一个新的高度。近几年来，在发展压延机品种、提高质量、节能以及自动控制方面又取得了很大成就，设计生产了具有现代水平的用微机控制的 S 形四辊压延机及其联动装置。

　　压延机在橡胶工业中的应用情况如表 2-1 所示。

表 2-1　压延机在橡胶工业中的应用

橡胶制品名称	压延机辊筒数量	辊筒排列形式	主要用途
轮胎	四辊、三辊	Γ形、Z形、斜Z形、S形、I形	帘帆布贴胶、擦胶，贴隔离胶片等
力车胎和自行车胎	四辊、三辊、七辊	Γ形、Z形、斜Z形、S形、I形	帘帆布贴胶、擦胶，双色胎面贴合等
胶管、胶带及杂品	三辊、四辊、两辊	I形、斜I形、Γ形、S形	帘帆布贴胶、擦胶，压延胶片及压型等
胶鞋	两辊、三辊、四辊、五辊	I形、Γ形、L形、T形等	胶料压片、压型及贴合等
胶布	三辊、四辊	I形、斜I形、Γ形	擦胶、压片、贴片等

2.1　压延机结构种类

2.1.1　压延机分类

橡胶压延机的种类较多，分类方法也较多，一般按压延机工艺用途、辊筒数量及辊筒排列形式等分类。

（1）压延机按工艺用途分类

可分为：贴胶压延机、擦胶压延机、压片擦胶压延机、压型压延机、贴合压延机、压光压延机和试验用压延机等。

（2）压延机按辊筒数量分类

可分为两辊压延机、三辊压延机、四辊压延机、五辊压延机及多辊压延机（如七辊压延机）等。

（3）压延机按辊筒排列形式分类

可分为I形压延机、Γ形（又称为倒L形或F形）压延机、L形压延机、Z形压延机、斜Z形压延机、S形压延机、△形压延机及其他形式的压延机等。

压延机辊筒的主要排列形式见表 2-2。

表 2-2　压延机辊筒的排列形式

辊数＼排列形式	I	Γ	L	Z	S	其他
2						 水平形 倾斜形

续表

辊数 ＼ 排列形式	I	Γ	L	Z	S	其他
3						A形
4				斜Z形		
4		斜Γ形	斜L形	变Z形		
5	E形			M形	M形	T形
7						

2.1.2　压延机基本结构

根据压延机结构复杂程度和压延精度高低，大致可分为两种类型，一种是结构较简单、精度较低的普通压延机，另一种是结构较复杂、精度较高的精密压延机。

2.1.2.1　普通压延机结构

压延机主要由辊筒、辊筒轴承、机架、调距装置、传动系统、润滑系统、辊温调节装置、安全装置及控制系统等组成。图 2-1 所示为普通三辊压延机实物图。

图 2-1　普通三辊压延机实物图

图 2-2 所示为普通结构的 XY-3I1200 三辊压延机，三个辊筒成直线排列成 I 形，并由装在两侧机架 12 的滑槽内的滑动轴承 5 支承。两侧机架 12 安装在底座

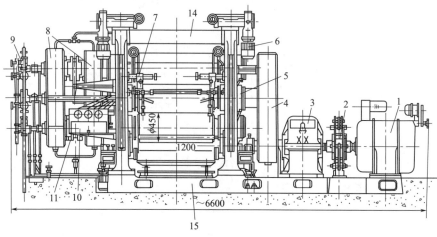

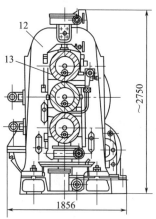

图 2-2　XY-3I1200I 形三辊压延机

1—电机；2—制动器；3—减速器；4—驱动齿轮；5—辊筒滑动轴承；
6—调距装置；7—挡胶板；8—速比齿轮；9—加热冷却装置；10—润滑装置；
11—离合器；12—机架；13—辊筒；14—横梁；15—底座

15 上，上部用横梁 14 连接。中辊为固定辊，其轴承体固定在机架滑槽内不能移动。上、下辊两端轴承体与调距装置 6 连接，利用调距装置可使上、下辊的轴承体作上下移动而调整辊距大小。辊筒的一端装有两组速比齿轮，通过手动离合器 11 可变换三个辊筒相互间的工作速比，以适应不同压延作业的需要。三个辊筒由一台电机 1 通过减速器 3 及大小驱动齿轮 4 带动中辊转动，然后再经速比齿轮 8 带动上、下辊转动。辊筒为中空结构，设有加热冷却装置 9。辊筒轴承由润滑装置 10 进行润滑。此外，机器还设有挡胶板、扩布器、切胶边装置等附属装置，并配有电气控制系统，适用于一般压延作业。

　　图 2-3 所示为普通结构的 XY-4Γ1730 四辊压延机，其基本结构与上述三辊压延机相似，但四个辊筒呈 Γ 形排列，速比齿轮在辊筒两端各装一组，用拔键的方式使速比齿轮与辊筒结合或分离，以此变换辊筒速比。该机传动装置的电机和减速器的出轴成直角排列，机器占地面积较小。

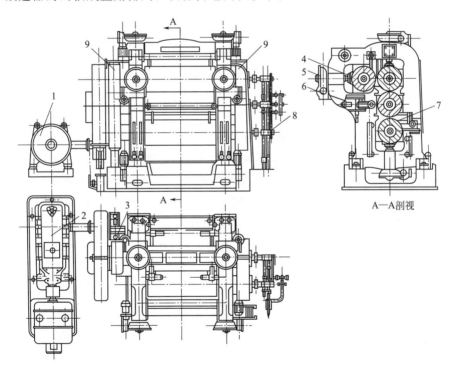

图 2-3　XY-4Γ1730 倒 L 形四辊压延机

1—电机；2—减速器；3—润滑油泵；4—辊筒；5—调距装置；6—帘布压紧装置；

7—挡胶板；8—加热冷却装置；9—速比齿轮

　　此外，尚有其他排列形式的各种规格的普通压延机，其构造大致相同。

　　普通压延机的结构和控制较简单，制造较容易，成本低。缺点是精度较低，生产效率不高，压延制品尺寸误差较大。

2.1.2.2　精密压延机结构

由于对压延制品质量与尺寸的精确性及对原材料与能源节约等的要求日益提高，普通压延机已不能满足需要，必须发展具有较高压延精度的精密压延机，以适应生产发展的需要。图 2-4 所示为精密压延机实物图。

图 2-4　精密压延机实物图

精密压延机除了具有普通压延机的主要零部件和装置外，增加了一套提高压延精度的装置，改进了传动系统和主要零部件结构，并提高了制造精度。例如采用了对提高压延精度有重要影响的钻孔辊筒、辊温自动控制系统、辊筒轴交叉装置、预负荷装置（即拉回装置或零间隙装置）以及反弯曲装置等。

图 2-5 为 XY-4S1800 四辊精密压延机。辊筒 4 由电机经过组合减速箱 1 及万向联轴器 2 带动转动，将普通压延机装于辊筒端部的速比齿轮及驱动轮集中于组合减速箱内，消除了齿轮传动对压延制品的影响和变换速比齿轮的困难。由于采用了双电机传动（1 号和 2 号辊筒共用一个电机，3 号和 4 号辊筒共用一个电机），因此可用电机调速的方法来变换速比，且速比的变换在规定的范围内是无级的，从而可适应各种工艺要求。在四个辊筒两端轴承座的外侧装有预负荷装置 6。另外，在 1 号和 4 号辊筒的轴承座上装有一套用液压缸调节的辊筒轴交叉装

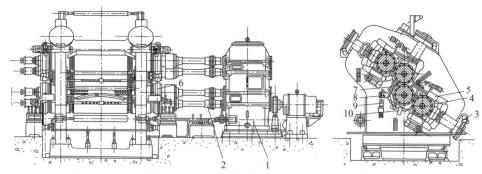

图 2-5　XY-4S1800S 形四辊精密压延机

1—组合减速箱；2—万向联轴器；3—调距装置；4—辊筒；5—轴交叉装置；6—预负荷装置；
7—划气泡装置；8—锥辊扩边器；9—弓形扩布器；10—反射式同位素测厚装置

置 5。四个辊筒均为钻孔结构，设有一套过热水循环温控装置，温控介质由旋转接头进入辊筒靠近辊面的钻孔中，可使辊面温差控制在±2℃范围内。为了提高生产效率和控制压延制品精度，压延机上还装有测量胶片厚度的自动测厚装置 10、扩边器 8、扩布器 9 等。为使机械化连续供胶和检测金属杂物，还设有带式摆动供胶装置和金属探测仪等。

精密压延机与普通压延机的比较如表 2-3 所示。

表 2-3 精密压延机与普通压延机的比较

项目	精密压延机	普通压延机
辊筒结构	圆周钻孔结构	中空结构
辊筒轴承	精密滚动轴承	滑动轴承
温控方式	过热水循环温控	蒸汽加热
传动方式	组合减速箱、万向联轴器	大小驱动齿轮、速比齿轮
生产速度	$\phi 700 \times 1800;50 \sim 85 \mathrm{m/min}$	$\phi 610 \times 1730;25 \sim 50 \mathrm{m/min}$
厚度误差	$\pm 3\% \sim 4\%$	$\pm 6\% \sim 7\%$

2.1.3 压延机传动系统

压延机在传动要求上具有如下两个特点：第一，为适应操作上的方便，压延机须变换辊筒的压延速率，即要具有快速、慢速回转，并且能平稳地调整；第二，为适应不同的压延工艺要求，压延机须能变换辊筒的速比，即速比等于 1 或速比不等于 1 进行压延操作。

为了满足第一个特点要求，一般选用交流整流子电机（小规格压延机采用）或直流变速电机（大规格压延机采用）进行无级变速转动。直流变速电机附有交直流电动发电机组供直流电，现推荐用可控硅整流供电系统。

三辊压延机的传动装置如图 2-6 所示。图中具有两套速比齿轮组，使辊筒可在不同的速比下工作，从动齿轮 7、8、9、10 用离合器 12 与辊筒连接，这四个

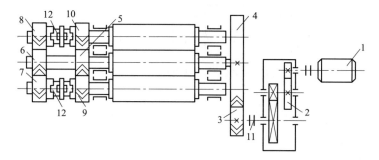

图 2-6 三辊压延机传动装置

1—电机；2—减速器；3,4—驱动齿轮；5,6—主动齿轮；7～10—从动齿轮；11—联轴节；12—离合器

齿轮分组使用以便得到不同的速比。下列为离合器连接的四种情况：

① 离合器与齿轮 7、8 连接，与齿轮 9、10 脱离。

② 离合器与齿轮 7、10 连接，与齿轮 8、9 脱离。

③ 离合器与齿轮 8、9 连接，与齿轮 7、10 脱离。

④ 离合器与齿轮 9、10 连接，与齿轮 7、8 脱离。

四辊压延机的传动装置如图 2-7 所示。

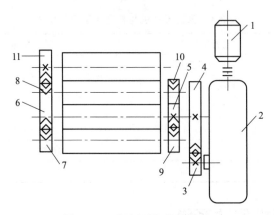

图 2-7　四辊压延机传动装置

1—电机；2—减速器；3,4—驱动齿轮；5,6—主动齿轮；7～11—速比齿轮

与三辊压延机相比同样具有两组速比齿轮及 4 种组合形式，用键连接代替离合器连接。侧辊与上辊速比一定。

图 2-8 所示为 S 形四辊压延机的传动装置（一），由于采用了轴交叉装置和拉回装置，需使用独立的齿轮箱，通过万向联轴节由两个或一个电机传动，或采用单独电机传动，如图 2-9 所示。

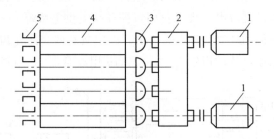

图 2-8　S 形四辊压延机传动装置（一）

1—电机；2—变速箱；3—万向联轴节；4—辊筒；5—轴承

这种传动方式可以使辊筒之间的速比在一定范围内（从等速到高达 1∶3）任意调节，从而可在 S 形四辊压延机上进行擦胶、贴胶、压延胶片以及薄层胶片复合等多种作业，并可按照胶料配方和工艺的要求随意调节，保证压延质量，工作适应性好。

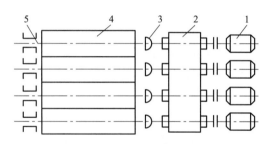

图 2-9 S 形四辊压延机传动装置（二）

1—电机；2—变速箱；3—万向联轴节；4—辊筒；5—轴承

另外由于将驱动轮等均放在独立减速箱内，这就可以采用小模数斜齿与人字齿轮、圆弧齿轮及行星摆线针轮来转动，采用滚柱轴承，建立润滑机构。但占地面积大、造价高。

2.1.4 压延机规格表示

（1）压延机规格

按 GB/T 13578—2010 标准压延机规格用辊筒外直径（mm）×辊筒工作面长度（mm）×辊数来表示。如 $\phi 230 \times 635 \times 4$，表示辊筒直径为 230mm，辊筒长度为 635mm 的四辊压延机。目前生产的压延机已规定了直径和长度的比例关系（即规定长度与直径比在 2.6～3 之间），所以压延机的规格可以仅用辊筒长度表示。压延机的型号编制按 GB/T 12783—2000 标准为：

XY-辊筒数量 辊筒的排列方式 辊筒工作长度 设计序号

其中设计序号可不写。

如 XY-3I-630。X 表示橡胶类，Y 表示压延机，3 表示辊筒数量为 3，I 表示辊筒的排列形式为 I 形，630 辊筒长度为 630mm。

又如 XY-4S-1800。X 表示橡胶类，Y 表示压延机，4 表示辊筒数量为 4，S 表示辊筒的排列形式为 S 形，1800 辊筒长度为 1800mm。

（2）辊筒排列形式的比较

压延机辊筒排列形式有多种多样，主要取决于用途和工艺上的需要、压延精度的要求。操作方便程度、设置测厚和供料等附属装置的需要等诸因素。各种排列形式都有其适用的条件和优缺点。

以常用的四辊压延机辊筒排列的变化为例，最初四个辊筒排列形式大多为Γ形及 L 形，这种形式制造加工较方便，但在使用上却有缺陷，因为这种排列形式的上、中、下三个辊筒排列在垂直线上，供料辊距与成型辊距在同一个垂直面内，无论在上、中辊之间供料还是在中、下辊之间供料，由于在中、下辊之间或上、中辊之间压延成型，胶料对辊筒产生的横压力，迫使中辊在垂直平面内产生向上或向下的弯曲变形。由于横压力是变化的，因而中辊的弯曲变形也是变化的。与此同时，中辊还在轴承间隙范围内随横压力的变化而浮动。中辊弯曲的变化和中辊的浮动将影响成型辊距的变化，从而使压延制品的横向和纵向厚度都受到影响。当在中、下辊之间供料时，胶料不易吃入，需要人工或导辊引入，这样既增加了操作的烦琐性和不安全性，又产生冲击负荷，更促使中辊浮动。此外，辊温的变化和辊距的调整，使上、中辊及中、下辊之间的辊距发生相互影响，也使厚度发生变化及增加操作上的困难，产品质量难以控制。

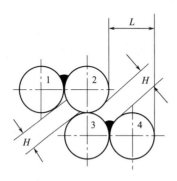

图 2-10　Z 形压延机辊筒排列

如果将四个辊筒排列成 Z 形，如图 2-10 所示，供料辊距与成型辊距不在同一个平面内，上述相互之间的影响就大为减少。在进行双面贴胶时，上供料辊距与下供料辊距不处在同一平面的水平位置上，而成型辊距则在两者之间的垂直平面上，由于辊筒的弯曲变形主要发生在水平方向，对成型辊距的影响极小，且辊筒亦不发生浮动，压延制品精度得以提高。上、下供料辊都处在水平位置上，便于实现机械化供料。Z 形压延机的机器高度也较同规格 Γ 形或 L 形压延机的低，方便操作和维修。但是 Z 形排列的形式也有缺点，1 号辊筒和 2 号辊筒及 3 号辊筒及 4 号辊筒均处于水平位置，因此，如图 2-10 所示，1 号辊筒和 3 号辊筒及 2 号辊筒及 4 号辊筒之间的距离 H 较小，这对装设自动测厚装置、帘线整经辊及排气泡装置等附属装置十分不便。另外，2 号和 3 号辊筒离操作人员的位置较远（图中的 L），操作不便，尤其是大规格压延机更为明显。同时，3 号辊筒上的橡胶包角大于 180°，易使胶料焦烧。为了克服上述缺点，又把辊筒排列形式变成斜 Z 形和 S 形，如图 2-11 所示。近十几年来，由于在双面贴胶或擦胶作业中，自动测厚装置的广泛采用，这两种辊筒排列形式的压延机发展很快。

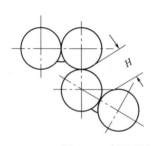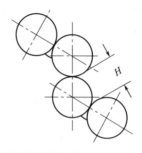

图 2-11　斜 Z 形与 S 形压延机辊筒排列

虽然辊筒呈斜 Z 形或 S 形排列对改善辊筒受力情况，提高压延精度及扩大辊筒附近装设附属装置的空间等方面具有优越性，但也有不足之处，与辊筒呈 Γ

形和 L 形排列方式相比，机架承受作用力较大，机架放置轴承体的窗口加宽，因而导致机架体积庞大，加工困难，刚度差，重量大。为了扬长补短，目前在 Γ 形或 L 形压延机设计中，采用高精度间隙滚动轴承代替滑动轴承，解决中辊浮动问题，提高压延精度。

2.2　压延机

橡胶压延机的主要零部件为：辊筒、辊筒轴承、机架、传动系统、辊距调节装置、辊筒挠度补偿装置（如辊筒轴交叉、预负荷和反弯曲装置等）、辊筒温度控制系统（加热与冷却）、润滑系统、电气控制系统及附属装置等。

2.2.1　辊筒

辊筒是直接压延制品的零件，它直接影响压延制品的质量和生产效率，因而对辊筒的质量要求较严格。辊筒的工作表面必须具有很高的耐磨性和良好的粗糙度，辊筒本体必须具有足够的强度和刚度、较大的传热面积和良好的导热性能。

压延机辊筒和炼胶机辊筒相似，但要求更精密，由于压延机用于半成品生产，因此工艺上就要求辊筒表面光洁度高，一般要求达到 7～8 级；并且要求辊筒有足够的刚度，从而减少在横压力作用下的弯曲变形，同时还要求辊筒在加热或冷却时，辊筒温度尽可能达到一致，因而要求对中空辊筒内腔沿整个工作长度镗孔，以保证辊筒厚度一致，否则由于辊筒回转时产生弯曲和表面温度不均匀，从而导致压延制品的厚薄不均。图 2-12 所示为压延机辊筒实物图。

镜面辊
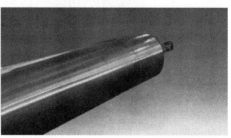

图 2-12　压延机辊筒实物图

压延机辊筒如图 2-13(a) 所示，其加热或冷却采用密闭式的加热冷却装置，加热介质一般用蒸汽或过热水，蒸汽或水经分配器 1 进入辊筒内腔带孔的管 3 中，然后从小孔喷出，对辊筒 2 进行加热或冷却。经交换后的废水或蒸汽从辊腔经分配器排出。

这种辊筒表面温度分布不均，中部温度比两端温度高，一般相差 7～8℃，造成压延厚度不均匀。因此在中空辊筒两端头附近装设高频交流电磁板加热以减少辊筒表面温度不均匀性，从而达到提高压延质量的目的，但现代压延机一般采用钻孔辊筒代替中空辊筒。

钻孔辊筒如图 2-13（b）所示，它在辊筒表面冷硬层内钻有一系列互相平行的纵向孔 6，蒸汽或冷水经分配器 1 进入辊筒 2 的中心镗孔 5，后即沿倾斜径向孔 7 进入周边的纵向孔 6，对辊筒进行加热或冷却，废水从倾斜径向孔 8、中心镗孔 5、小管 3 经分配器 1 排出，图 2-13（c）为钻孔辊筒表面展开图。辊筒轴向钻孔的两端用装有石棉橡胶垫的端盖封闭，端盖用双头螺栓与辊筒端面压紧，双头螺栓固定在辊筒上。也有的厂采用金属堵塞，把轴向钻孔的两端封闭。

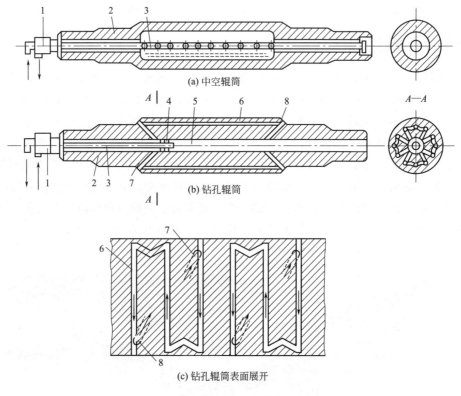

(a) 中空辊筒

(b) 钻孔辊筒

(c) 钻孔辊筒表面展开

图 2-13   压延机辊筒

1—分配器；2—辊筒；3—小管；4—塞子；5—中心镗孔；6—纵向孔；7,8—倾斜径向孔

钻孔辊筒与中空辊筒相比具有下列优点。

① 传热面积约为中空辊筒的两倍。

② 辊筒传热快，表面温度均匀，且易于调节温度，与同规格中空辊筒比，其工作面与传热面间的距离（厚度）大大减少，传热阻力小，因此传热效率高。例如 $\phi610mm$ 的辊筒，若采用中空辊筒，其壁厚达 $127\sim140mm$；若采用钻孔辊筒，辊筒表面与钻孔中心的距离为 63.5mm，钻孔直径为 $\phi25.4mm$，辊筒表

面与钻孔表面的厚度为 50.8mm。这样,传热介质在辊筒表面接近的位置通过,热介质的温度与表面温度传热时间非常短,传热效果好,温度分布均匀,且易于调节温度,保证制品质量。

③ 钻孔辊筒中央部位与两端的厚度一致(中空辊筒两端的厚度略大)。因而辊筒的工作部分表面温度均匀一致,其两端温差不超过 ±1℃,有利于提高半成品质量。

④ 钻孔辊筒在保证辊筒的温度要求条件下,辊筒的断面尺寸可增大(或缩小),且整个工作部分均匀一致,使辊筒的刚性大大提高。因而减轻辊筒弯曲,提高产品质量。

其缺点是钻孔辊筒的制造技术要求较高,大量生产时需要专用钻孔床,否则效率太低。

2.2.2 辊筒轴承

压延机辊筒轴承的工作情况对压延制品精度与压延机正常运转有密切关系,辊筒轴承应能满足承载能力大、功率消耗小、传热性能好、工作精度高和维修方便等要求。目前所用辊筒轴承有滑动轴承和滚动轴承两类。滑动轴承结构简单,制造方便,材料易得,成本低,应用较多。在高精度新型压延机上广泛地采用滚动轴承,它的优点是装轴承的辊筒辊颈为锥形,可提高轴颈的强度,辊颈不会磨损,同时减少了辊筒旋转时产生的偏心问题,摩擦损失小,耐久性好,维护费用少。但制造技术和安装技术要求高,产品成本高。图 2-14 所示为辊筒轴承实物图。

图 2-14 辊筒轴承实物图

2.2.2.1 滑动轴承

压延机滑动轴承的结构大体上与开炼机的相同,但它具有如下特点:第一,轴承体较小,采用稀油强制润滑与冷却,并配有过滤冷却设备;第二,轴衬由扇形轴瓦构成,由于轴承所在位置不同,轴瓦角度也不同;第三,同一台压延机不同辊筒的轴承不能互换;第四,精度要求高,轴承的间隙需要减至最低限度,以减少半成品误差。

图 2-15 所示为滑动轴承的构造。它主要由轴承体 6 和轴衬 8 组成，而轴衬是轴承的主要部件，它直接与辊筒轴颈接触并支承轴颈旋转，所以它关系到轴承性能的好坏。因此，对轴衬的要求是，具有较高的耐磨性和强度，油孔和油沟的位置要合理，实现合理的润滑，轴衬与轴承体之间不产生相对的转动或移动，散热性能要好。轴承体有组合式和整体式两种，近代压延机多采用整体式结构。

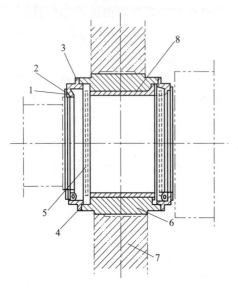

图 2-15 滑动轴承

1—压盖；2—油封；3—外侧半压盖；

4—高压石棉橡胶垫；5—挡油环；

6—轴承体；7—机架；8—轴衬

轴衬材料有：ZQSn10-1、ZQSnS-12、ZQSn8-12、2QSn10-10、ZQSn5-25、ZQSn7-17 等。其中 ZQSn10-1 和 ZQSn8-12 应用最广泛，因为它含有 Cu3P，所以硬度高，耐疲劳性强。油沟的位置应设在轴衬加压区中点前方 90°～120°范围内，油孔的位置在油沟的偏前方。当压延机无拉回装置时，辊筒空转时在自重作用下位于低位置把油孔堵死。同时，油孔位于轴颈旋转的反面，油即使进去也无法润滑，因此必须开两个油孔，如图 2-16 所示。

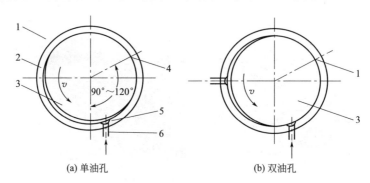

(a) 单油孔   (b) 双油孔

图 2-16 油孔油沟开设方位

1—轴承体；2—轴衬；3—轴颈；4—加压区中点；

5—油沟；6—油孔面

轴衬在靠近辊筒轴肩一面设计成凸缘，以防止辊筒在受轴向力作用而移动时轴衬从轴承体上挤出去，在轴衬与轴承体间用键或螺栓固定以防止轴衬与轴承体相对转动。取轴衬的内径 D，等于辊筒轴颈 d，轴衬的长度 1：$(1.1～1.2)D$，考虑到轴颈与轴承的热膨胀，保证轴承润滑条件的必需间隙以及轴衬内孔的加工误差，轴衬内径 D 的公差分别为：$\phi 230 \times 600$ 压延机 $0.131 \sim 0.221mm$；$\phi 400 \times 1200$ 压延机 $0.24 \sim 0.36mm$；$\phi 550 \times 1600$ 压延机 $0.34 \sim 0.48mm$；$\phi 650 \times 1800$ 压延机 $0.421 \sim 0.571mm$。

轴承体常用铸钢或优质铸铁铸造，铸后应人工时效处理。多用整体式轴承体，其外形有固定式、移动式和自动调心式三种，分别适应固定辊筒、调距辊筒和轴交叉辊筒。

图 2-17 所示为自动调心式轴承，它能通过调距装置相对机架滑槽移动，又能通过轴交叉装置相对机架滑槽某一个方向转动 α 角度。这就满足了辊筒轴交叉时轴颈和轴衬相对位置和配合不变的要求。

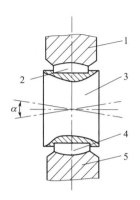

图 2-17　自动调心式轴承
1—上凹弧面块；2—上凸
弧面块；3—轴承体；
4—下凸弧面块；5—下凹弧块

2.2.2.2　滚动轴承

在高精度新型压延机上广泛地采用滚动轴承，它的优点是，装轴承的辊筒辊颈为锥形，可提高轴颈的强度，辊颈不会磨损，同时减少了辊筒旋转时产生的偏心问题，磨损小，耐久性好，维护费用少。但制造技术和安装技术要求高，产品成本高。

压延机上多采用能承受径向载荷和轴向载荷的四列圆锥滚动轴承。也有采用圆柱滚动轴承和双向推力球轴承的组合，如图 2-18 所示。

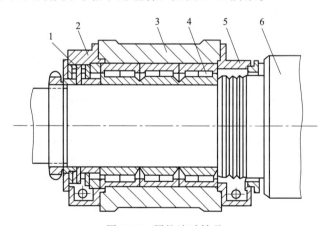

图 2-18　圆柱滚动轴承
1—推力轴承；2,5—轴承盖；3—轴承体；4—滚柱轴承；6—辊筒

无论滑动轴承还是滚动轴承，由于采用强制冷却，会造成辊筒两端温度低于中央部位，这会对生产带来十分不良的影响，所以轴承的温度必须保证适当的高温。视压延工艺要求不同，一般在 $60 \sim 110℃$，并采用适应高温度而且不易老化的高级润滑油。一般当油在 $100℃$ 时，应有 $100 \sim 150s$ 的赛氏黏度，并加入一定

数量的防锈剂和过酸化抑制剂才能使用。

2.2.2.3 辊筒轴承润滑系统

压延机辊筒轴承的工作特点是：大负荷、低转速、温度较高。在用滑动轴承时，轴承的润滑是在边界摩擦润滑状态。其摩擦功要转化为热量，要及时把热量导出，才能保持正常的润滑和运转。为此，可采用增大润滑油的供应量，增大轴承体的散热能力和提高润滑油的耐热性能来达到。

目前广泛采用的是稀油压力循环润滑，图 2-19 所示为三辊压延机的稀油润滑系统。润滑油经电机带动的齿轮泵 1 从主油箱 2 内将油输送到左右分配器 3 和 4 中，多余的油经安全调节阀 5 流回主油箱 2，分配器 3 和 4 各装三个阀门分别输送到各个辊筒轴承 6 里，回油经左右回油箱 7 和 8 返回主油箱 2 内。

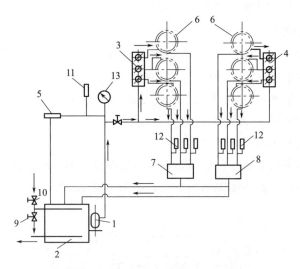

图 2-19　三辊压延机的稀油润滑系统

1—齿轮泵；2—主油箱；3,4—分配器；5—安全调节阀；6—辊筒轴承；7,8—回油箱；
9—冷却水阀；10—蒸汽阀；11,12—水银温度计；13—压力表

主油箱 2 内装有加热管道或冷却管道，当需要升高温度时，则关闭冷却水阀 9，而相应打开加热蒸汽阀 10。当需要降低油温时，则关闭蒸汽阀 10，而适量打开冷却水阀 9。

主机开动前先关闭供油管路的调节阀，向加热管道内通入蒸汽，待油温达到 30℃时，再开动齿轮泵 1，则全部油经安全调节阀 5 流回油箱。当正常压力达 0.3MPa，温度为 40～50℃时，再开始输油，其压力的高低可通过调节安全阀的螺栓来达到。由压力表 13 指示，其油温用水银温度计 11 测量。各轴承的回油温度分别用水银温度计 12 测量，油温 70～80℃时正常。当回油量不足时，通过行程开关，装在机架上的红色信号灯便发出信号。此种系统在国产压延机上用得比较多。

　　图 2-20 所示为四辊压延机辊筒轴承和预负荷装置轴承的稀油循环润滑系统。左右辊筒轴承和预负荷装置轴承的润滑由装设在机架外侧的单独润滑系统分别供给，润滑油由电机带动的齿轮泵 2 由油箱 1 内抽出，经过滤器 4 由分配器送到各润滑处，压力表 5 用于测量其油压。调节安全阀 11 可以调节轴承的进油压力和进油量。润滑油经进油管 8 进入辊筒轴承，由回油管 9 送回油箱。经进油管 7 进入预负荷装置轴承，由回油管 10 送回油箱。返回的油根据电接点温度计测得的温度来选择对油箱是加热还是冷却。

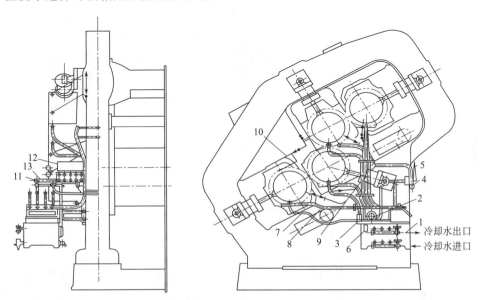

图 2-20　φ700×1800 四辊压延机辊筒轴承和预负荷装置轴承的稀油循环润滑系统
1—油箱；2—齿轮泵；3—分配器；4—过滤器；5—压力表；6—液面指示器；
7—预负荷轴承进油管；8—辊筒轴承进油管；9—辊筒轴承回油管；
10—预负荷轴承回油管；11—安全阀；12—分配器；13—指示器

　　循环系统中正常使用的油压为 0.2~0.3MPa，工作开始时，首先由管状加热器对油加温，并关闭进油总阀门，开动电机，使油液循环搅拌均匀加热。当油温达 35~40℃时，可开启进油阀，对辊筒轴承进行正常的润滑，当出现油路堵塞，或油压大于 0.3MPa 时，或回油量比正常减少 0.6~1.5L/min，或回油温度超过正常的 60℃时，润滑系统立即发出电信号，通过喇叭发出警报，此时要采取措施。也可启动保护环节，即通过一段延时运转后而停车。

2.2.3　机架

　　压延机机架的刚性和稳定性对压延制品的质量和压延机的正常工作影响很大。因此，机架必须有足够的强度和刚性。

　　机架的结构形式根据辊筒数量及排列形式而定。为使机架具有较大的刚性和强度，并减轻重量，机架的形式一般均制作成封闭式的空心框架，内部再配置加强筋。左右两个机架安装在底座上，上部用横梁连接，构成一个整体。图 2-21 所示为压延机机架。

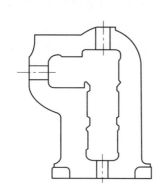 

图 2-21　压延机机架

机架上除了要放置辊筒轴承外，还要装设辊距调节装置、辊筒轴交叉装置、反弯曲装置、预负荷装置及其他附件（如挡胶板、切边刀和扩边器）等，故在结构上较为复杂。常见典型的压延机机架结构形式有Ⅰ形、L形、倒 L 形等。

2.2.4　辊距调节装置

辊距调节装置（简称调距装置）用于调节辊筒之间的距离。根据用途，调距范围有大有小，一般为 0.1～20mm，个别特殊用途的压延机可达 120mm。调距装置装设在左、右机架上，并与辊筒两端的轴承体相连接。调距装置在压延机上一般设有（$n-1$）组（每组为两套，n 为辊数）。对调距装置的要求：操作灵活方便，准确可靠，能进行粗调与细调，结构紧凑、维修方便。

常用的调距装置一般可分为整体式和单独式两种。

图 2-22 所示为常用两级蜗杆蜗轮传动整体式调距装置的工作原理。电机 1 和手轮 3 配合操纵。当双向电机 1 转动时，通过齿轮 2、伞形齿轮 6、传动轴 7 和两对蜗杆蜗轮 13、14 与 9、15 转动调整螺杆 10，调整螺杆 10 与固定在机架上的螺母 11 配合带动辊筒上、下移动，根据电机的转向决定辊筒调距方向。

离合器 8 用以单独控制上辊筒或下辊筒，离合器 16 用以分别控制辊筒的左端或右端。

图 2-23 为上述系统的主要传动部分及调整部分结构。大手轮 3、小手轮 4 和离合器 5 分别与伞形齿轮 6 的轴固定，大传动齿轮 2 套于该轴上。用小手轮 4 控制离合器 5，当离合器与传动齿轮 2 脱开后，系统与电机脱离，手轮 3 起作用，可见电机用于大范围调距，手轮用于小范围精确的调距。

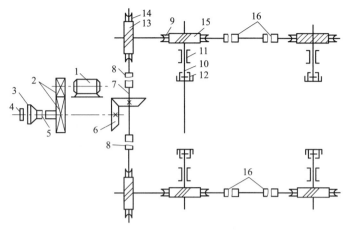

图 2-22　整体式调距装置的工作原理

1—电机；2—传动齿轮；3,4—手轮；5,8,16—离合器；

6—伞形齿轮；7—传动轴；9,14—蜗轮；10—调整螺杆；11—螺母；

12—压盖；13,15—蜗杆

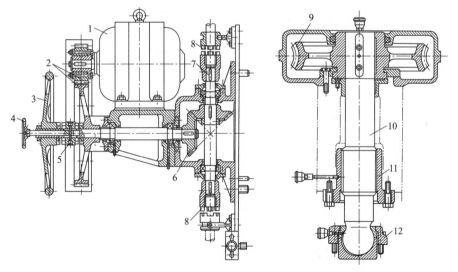

图 2-23　整体式调距装置的局部结构

1—电机；2—传动齿轮；3,4—手轮；5,8—离合器；6—伞形齿轮；

7—传动轴；9—蜗轮；10—调整螺杆；11—调距螺母；12—压盖

　　调距螺母 11 的安全系数比辊筒和机架的安全系数小些，这样螺母可作为压延机的一个安全装置。

　　上述调距装置的缺点是操作不够简便，机构比较笨重，多用于老式的设备中。近代新型压延机通常采用单独传动。即每个辊筒（除中辊外）都有一套单独的电机调距装置，并采用两级球面蜗杆或行星摆线针轮等减速传动，这样可以提高传动效率，减少调距电机功率和减少体积。用时便于实现调距机械化和自动化。

　　图 2-24 所示是用两级蜗杆蜗轮减速器的单独电机调距装置，可以保证每个轴承单独的动作，也可以协调动作，便于实现调距的机械化与自动化。电机是双向双速的，$\phi 610 \times 1730 \times 4$ 压延机的快速调距为 5.04mm/min，慢速调距为 2.52mm/min。

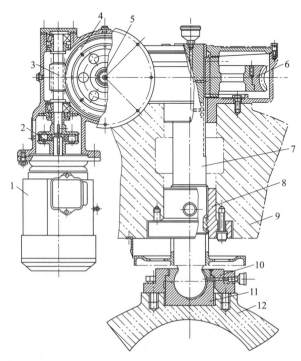

图 2-24　两级蜗杆蜗轮减速器的单独电机调距装置

1—双向双速电机；2—弹性联轴节；3—蜗杆；4,6—蜗轮；5—蜗杆轴；7—调距螺杆；
8—调距螺母；9—机架；10—压盖；11—止推轴承；12—辊筒轴承

2.2.5　预负荷装置

　　预负荷装置又称为零间隙装置或拉回装置。无论滚动轴承或滑动轴承，其辊筒轴颈（对滚动轴承来说轴颈套在内圈上）和轴衬（对于滚动轴承是轴承不动的外圈）之间都有一个间隙。因为辊筒可能产生热膨胀，当压延机负荷工作时，辊距充满胶料，辊颈和轴衬间的间隙在横压力作用下逐渐减到零，因而对胶片厚度无影响。但在辊距中的存胶量变化时，作用到辊筒中的横压力 P_1、P_2、P_3 就发生变化（图 2-25），此压力首先引起胶片厚度的改变。因此，在压延机上通常采用预负荷装置，预先对轴承加一负荷 [图 2-25(b)]，工作时轴承就处在相同位置 [图 2-25(c)]，以避免由于辊筒负荷变化而影响产品的精度。通常在每个辊筒轴承体的外侧装有一个较小的辅助轴承体，用预负荷装置对这个辅助轴承体施以足够的外力（液压或机械）以消除间隙，防止辊筒抖动。

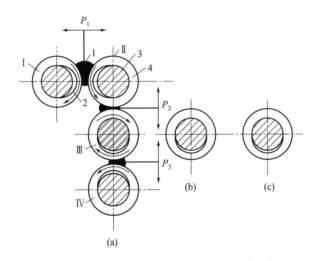

图 2-25　辊筒轴颈的负荷及其在轴承内的位置

（a）没有预负荷时负荷辊筒的位置；（b）有预负荷装置辊筒在无负载时状态；
（c）有预负荷和辊筒有负载时的状态；Ⅰ，Ⅱ，Ⅲ，Ⅳ—辊筒；
1—胶料；2—工作负荷时辊筒轴颈和轴衬间的间隙；3—辊筒轴颈；4—辊筒轴承；
P_1，P_2，P_3—横压力

图 2-26 所示为单缸拉回式预负荷装置，在机架 1 的外侧固定有油压缸 2 的支承轴 3，油压缸的活塞 4 通过活塞杆 5 的末端用销轴 6 固定轴承外壳 7，其内紧压滚动轴承 8，轴承两端用半圆形上压盖 9 和下压盖 10 封闭。

当往油压缸内通以压力油时，活塞及活塞杆带动轴承体及辊筒移动，使辊筒得到预负荷。预负荷装置在辊筒工作前即应启动，保证辊筒达到预先指定的位置。

2.2.6　自动测厚装置

自动测厚装置专用于连续正确的测定压延胶片（或胶布）的厚度，这对保证产品的质量十分重要。

按测量方法和原理不同，测量厚度可分为：机械接触式、电感应式、气动式和放射线同位素式测厚装置。放射线同位素测厚装置又分为透过式和反射式两种。下面主要介绍放射线同位素式。

放射线同位素测厚装置一般采用 β 射线，β 射线的产生是用人造的放射线同位素，主要有铊-204、锶-90 和铯-137 三种。

β 射线具有穿透橡胶、塑料和纺织物的能力，其穿透量与被照射的材料厚度成反比，当厚度一定时，穿透量也一定，当厚度变化时，用穿透量的大小测定其

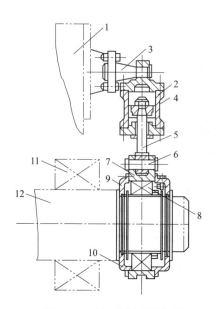

图 2-26   单缸拉回式预负荷装置

1—机架；2—油压缸；3—支承轴；4—活塞；5—活塞杆；6—销轴；7—外壳；

8—滚动轴承；9—上压盖；10—下压盖；11—主轴承；12—辊筒轴颈

厚度。图 2-27 所示是穿透式 β 射线测厚装置的原理，当 β 射线穿透胶片进入电
离室后，便产生电离电流，β 射线穿透量与胶片厚度成反比，这样电离电流亦发
生变化，在标准厚度时可测得一个电位差，若实际电位差与标准电位差有差别，
通过放大器放大，用偏差指示器指示并记录。

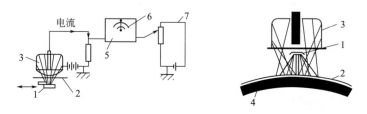

图 2-27   穿透式 β 射线测厚装置的原理

1—放射体；2—橡胶片；3—电离室；4—压延辊筒；5—放大器；

6—偏差指示器；7—稳定电流装置

反射式测厚装置是利用同位素照射后射线被辊筒反射进入电离室，产生电离
电流经扩大显示记录来测量的。

穿透式测厚装置用以测量胶布厚度，一般装在主机与冷却机之间。反射式用
以测量包覆在辊筒上的胶片的厚度，因为对帘布双面贴胶用的压延机，在贴合前
两面胶片的厚度必须正确，所以要在辊筒上测定，一般装设在靠近出片的辊筒的
表面位置。

此种方法，被测胶片的最大厚度为 2.1mm，最小厚度为 0.1mm，测量精度为 ±0.005mm，最大辊筒线速度 90m/min。

如将 β 射线测厚装置与压延机的辊筒调距装置联动在一起，由计算机自动控制和调节胶片的厚度，实现自动化。

放射线式橡胶测厚仪的安全操作规程如下。

① 放射线式橡胶测厚仪应有专人管理和操作。

② 操作人员必须经过培训，掌握放射线式测厚仪的原理、组成、性能、作用和操作方法及安全事项方能上岗操作。

③ 放射源及测头各部分经有关人员调试后不得拆动。

④ 定期检查测厚仪各部分的使用情况，并做出详细记录。

⑤ 如仪器上覆有胶或其他杂物应及时清除。

⑥ 放射线测厚仪超过一周不使用时应加源盖，不得裸露。

⑦ 如发现测厚仪某部分出现故障时，应立即报告，任何人不得擅自自行处理。

⑧ 测厚仪的安装、调试、维修、更换等必须由安全专业人员进行，并经卫生防疫部门监测合格后才能使用。

⑨ 每年定期监测一次周围的放射强度，若超过国家标准应暂停使用，及时采取措施。

⑩ 操作人员每年定期进行一次健康检查，建立健康档案。

⑪ 放射源安装场所应采取安全防护措施（遮挡、屏蔽防护），任何人不得以任何借口拆除。

⑫ 如发现放射源丢失，要及时向公安机关报案。

2.2.7　辊筒轴交叉装置

轴交叉装置的作用是在辊筒两端施加外力，使两平行辊筒产生轴交叉，从而补偿由于辊筒挠度引起的胶片厚度不均的误差。

2.2.7.1　装设位置

辊筒轴交叉装置装设的位置和交叉方向与压延机辊筒的数量、用途及辊筒排列形式有关。三辊压延机一般设在供料辊（1 号辊）上，但也有设在下辊（3 号辊）上的。四辊压延机多用于双面贴胶作业，故一般装设在 1 号辊和 4 号辊上。有关二辊、三辊和四辊压延机不同排列形式的轴交叉装置装设位置如图 2-28 所示。

2.2.7.2　结构形式

常用的辊筒轴交叉结构形式有：楔块式、液压式、丝杆式和弹簧式等多种。

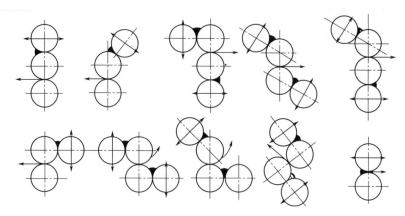

图 2-28　轴交叉装置装设位置

（1）液压式轴交叉装置

图 2-29 所示为一种液压式轴交叉装置，用于 S 形四辊压延机，在 1 号和 4 号辊筒的两端各装一套。工作时，启动电机 1 经蜗杆蜗轮减速器 2 带动螺杆 3 转动，从而使螺母套 4 移动，推动轴承体 7 在调节块 5 上摆动。另外，液压缸 9 顶推顶杆 8，当左边螺母套 4 往右边移动时，则轴承体 7 往右边摆动，液压缸 9 则往后退。反之液压缸往前推时，轴承体则往左边摆动。两端轴交叉装置彼此反向配合动作，使辊筒轴线偏移。

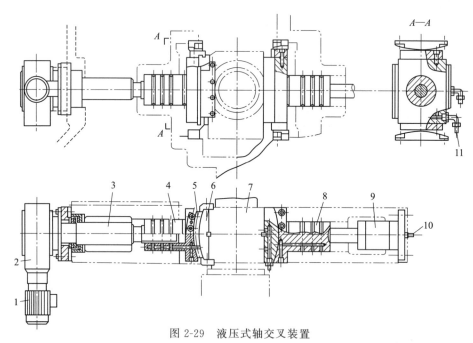

图 2-29　液压式轴交叉装置

1—电机；2—蜗轮减速器；3—螺杆；4—螺母套；5—调节块；6—弧面块；
7—轴承体；8—推顶杆；9—液压缸；10—液压油管接头；11—润滑油接头

在螺母套 4 及推顶杆 8 的外周有油槽，保持良好润滑，以使移动灵活。

正确使用轴交叉装置，需要使辊筒左右两端辊距相同且交叉值相等，否则将引起胶片的厚度误差。另外，左右两端的电机尽量同步工作，尤其是在负荷下不允许只对一端进行调节，否则将引起辊颈部分的损伤。为了防止调节过量引起机械损伤，设有行程限位开关，以停止电机转动。

（2）楔块式轴交叉装置

楔块式轴交叉装置分为双楔块式和单楔块式两种。双楔块式轴交叉装置如图 2-30 所示。在辊筒两端的轴承体上、下面均装有楔块 9。电机输出轴装有小齿轮 1，在其上啮合两个相对转动的大齿轮 2。大齿轮的输出轴装有蜗杆 3，它与蜗轮 4 啮合，蜗轮 4 轴内孔用螺纹与带有楔块 6 的调整螺杆 5 相配合，当电机转动时，上部螺杆 5 和下部螺杆作相反方向移动。轴承体 7 用螺栓与垫块 8 和楔块 9 固定，当楔块 6 移动时，轴承体便上下移动。

若上部楔块向右（下部楔块同时向左）移动，轴承体则向上移动，若楔块运动方向相反，轴承体则向下移动，其移动大小用指示针 10 示出其读数。

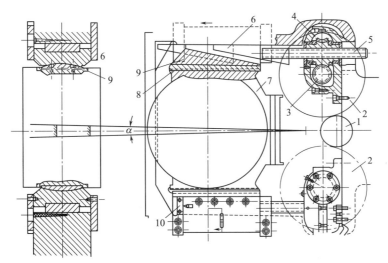

图 2-30 双楔块式轴交叉装置

1—电机小齿轮；2—大齿轮；3—蜗杆；4—蜗轮；5—调整螺杆；

6,9—楔块；7—轴承体；8—垫块；10—指示针

此种结构的特点是动作可靠，不须加外力便可定位，但传动系统较复杂，楔块的磨损较大，应保证滑动楔面和螺杆良好的润滑。双楔面式轴交叉装置，考虑到辊筒轴承的热膨胀，移动面的间隙及制造误差等因素，上楔块与轴承体之间间隙较大，通常处于不接触状态，可见主要起作用的是下楔块。

（3）弹簧式轴交叉装置

弹簧式轴交叉装置与液压式轴交叉装置的作用原理大体相同。只是用碟形弹

簧的作用力代替液压缸的作用力。此种结构除具有液压式优点外，还省去一套液压装置，但弹簧力的调节不如液压式方便。

2.2.8 辊筒温度控制系统

2.2.8.1 温度控制的要求

各种压延作业都需要在一定的温度下进行。辊筒温度的变化和不均匀对压延制品质量有很大影响。不同品种的胶料和不同的工艺方法对辊筒有不同的温度要求，大多数胶料的压延温度在 50～120℃，个别特殊胶料例外。在压延作业中不仅要设法维持工艺上所要求的辊筒温度，而且应力求辊筒整个工作面温度均匀一致，并能进行准确控制。因此，压延机应设置一套反应灵敏、效果良好和操作方便的加热、冷却装置及温度控制系统。

2.2.8.2 辊筒加热、冷却方式及结构类型

根据辊筒结构，目前常见的辊筒加热方式有：①蒸汽加热-水冷却；②电极加热-水或油冷却；③蒸汽与电并用加热-水冷却；④导热介质循环加热与冷却（过热水或热油）等。前面三种主要用于中空结构的辊筒，后面一种则主要用于钻孔结构的辊筒。

（1）蒸汽加热-水冷却装置

如图 2-31 所示，为中空辊筒上采用最广泛的一种加热冷却系统。蒸汽或冷却水通过阀门和旋转接头进入装在辊筒内腔中的长管内，长管上开有许多等距离小孔，蒸汽或冷却水由小孔中喷出，以加热或冷却辊筒。冷凝水则从辊筒内腔经旋转接头排出，排水管路上装有疏水器，以防加热时蒸汽逸出。加热辊筒时，将

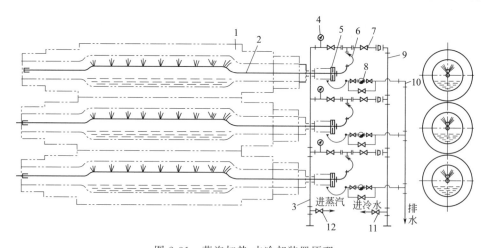

图 2-31 蒸汽加热-水冷却装置原理

1—辊筒；2—喷水（汽）长管；3—进汽管；4—压力表；5—旋转接头；6—软管；

7,11,12—阀门；8—疏水器；9—进水管；10—排水管

进冷水的阀门关闭，阀门开启，冷却时与此相反。一套管路系统作加热冷却两用。

这种装置结构简单，维护容易，成本低，但调整温度需靠人工，需要较熟练的技术与经验，同时由于辊筒筒壁较厚，导热慢，且有一定的惯性，因而调整温度时反应缓慢，辊面温差大，温度不均匀，不能满足高精度压延作业的要求。

（2）电极加热-水冷却装置

这种装置主要用于中空结构的辊筒。在辊筒空腔中充以水或导热油，并装有电极（或管状电热器），电极或管状加热器通电后将辊筒内的介质加热，使辊筒升温。同时，辊筒内腔还装有叶片式冷却器，需要时可通入冷却水使辊筒降温。

电极加热水冷却装置的特点是不用锅炉、蒸汽管路及调节阀等附属设施，结构比较简单，缺点是耗电量大，温度不均匀，调温不便，因而使用较少。

（3）蒸汽与电并用加热的温度调节装置

这种装置可改进单用蒸汽加热辊面不均匀的缺点。这种结构的特点是除中空辊筒内腔通入蒸汽加热外，在辊筒工作表面的两端还埋入管状加热器，作为对辊筒端部的补充加热，以改善辊面加热的不均匀性，减少辊面温差。温度的控制和调节靠人工进行。

（4）导热介质循环加热与冷却装置

现在一般新型压延机均采用钻孔辊筒，而钻孔辊筒均采用导热介质进行循环加热与冷却。常用的导热介质有过热水、导热油及其他热载体（如联苯等），但使用最广的是过热水，其次是导热油。

导热循环加热或冷却时，用专门的加热、冷却设备将介质加热或冷却后，用循环泵通过管道、辊筒端部的旋转接头及中心管进入辊筒内腔，介质再沿辊筒内的斜孔流入靠近辊面的孔中，将辊面加热或冷却，而后又通过斜孔及中心管和辊筒内腔之间经旋转接头排出辊筒重新进入专用加热-冷却装置，根据所需的辊温，再将介质加热或冷却，如此不断循环，把辊筒表面冷却到工艺所需的温度。

2.2.9　辊筒轴承润滑系统

辊筒轴承无论是采用滑动轴承还是滚动轴承，都必须设有良好的润滑装置，保证润滑油的充分供给与排出，才能获得正常的运转。

压延机辊筒轴承的工作特点是大负荷、低转速、较高的工作温度和要求较高的运转精度。在采用滑动轴承时，轴承处于边界摩擦润滑状态，轴承的摩擦功转化为热能，所以应供给足量的具有良好耐热性能的润滑油，将热量导走，使润滑油和轴承温度保持在许可范围内。如果采用滚动轴承，则摩擦热要小得多，润滑油供给量也可相应减少。

目前广泛采用的是稀油压力循环润滑，图 2-32 所示为三辊压延机的稀油润

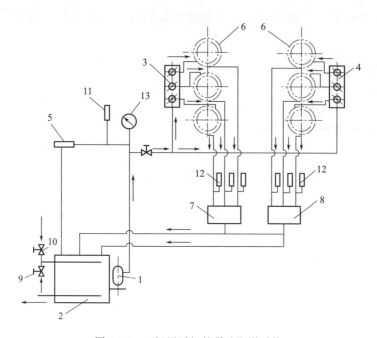

图 2-32　三辊压延机的稀油润滑系统

1—齿轮泵；2—主油箱；3,4—分配器；5—安全调节阀；6—辊筒轴承；7,8—回油箱；

9—冷却水阀；10—蒸汽阀；11,12—水银温度计；13—压力表

滑系统。润滑油经电机带动的齿轮泵 1 从主油箱 2 内将油输送到左右分配器 3 和 4 中，多余的油经安全调节阀 5 流回主油箱 2，分配器 3 和 4 各装三个阀门分别输送到各个辊筒轴承 6 里，回油经左右回油箱 7 和 8 返回主油箱 2 内。

主油箱 2 内装有加热或冷却管道，当需要升高温度时，则关闭冷却水阀 9，而相应打开加热蒸汽阀 10。当需要降低油温时，则关闭蒸汽阀 10，而适量打开冷却水阀 9。

主机开动前先关闭供油管路的调节阀，向加热管道内通入蒸汽，待油温达到 30℃时，再开动齿轮泵 1，则全部油经安全调节阀 5 流回油箱。当正常压力达 0.3MPa，温度为 40～50℃时，再开始输油，其压力的高低可通过调节安全阀的螺栓来达到。由压力表 13 指示，其油温用水银温度计 11 测量。各轴承的回油温度分别用水银温度计 12 测量。油温 70～80℃时正常。当回油量不足时，通过行程开关，装在机架上的红色信号灯便发出信号。此种系统在国产压延机上用得比较多。

2.2.10　附属装置

压延机的各种附属装置设在压延机辊筒的附近或机架的前后面，以配合完成压延作业。随压延工艺和机械化程度的不同，附属装置设置的种类也不同。下面

介绍几种比较常用的附属装置：挡胶板和刮胶边装置、扩布和扩边装置、切胶边装置、划气泡装置、供胶装置和递布装置等。

2.2.10.1 挡胶板与刮胶边装置

在供料辊筒工作表面的两侧设有挡胶板与刮胶边装置，使胶料在所要求的宽度范围内加工并阻止胶料跑出辊面。挡胶板要能紧密接触辊面并能按所需宽度沿辊面调节。刮胶边装置则应能把与帘布贴胶后剩余在辊筒上的胶边刮下引入供料辊距重新使用。

挡胶板与刮胶边装置的结构形式有多种，但大同小异。图 2-33 所示为一种应用较普遍的挡胶板与刮胶边装置，它主要由挡胶板 1 和 5 及刮胶边刀 6 组成。挡胶板 1 和 5 装在带有燕尾槽的挡胶板座 3 上，可以上下移动。挡胶板的下部圆弧面与辊面相接触。挡胶板 5 靠压缩弹簧 4 保持与调距辊筒工作面相接触。刮胶边刀 6 装在挡胶板的一侧，一般是装在胶料进入辊距的一侧，且可在挡胶板座的燕尾槽上人工上下调整，其工作面与辊筒轴线成 45°～60° 的角度，使刮下的胶边能顺利重新导入辊距中。整个挡胶板用螺母和螺杆相连接，可根据压延幅宽人工转动螺杆在导杆上左右移动而作调整。

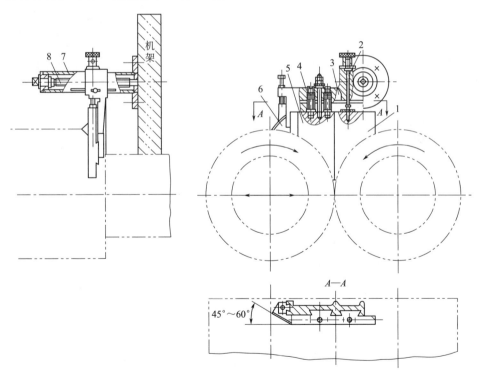

图 2-33 挡胶板与刮胶边装置

1,5—挡胶板；2—拉杆；3—挡胶板座；4—压缩弹簧；

6—刮胶边刀；7—导杆；8—螺杆

　　这种装置的结构比较简单，但挡胶板与辊面的接触仅靠弹簧的压力，因此与辊面接触不太紧密，当辊距改变时，两挡胶板之间与辊面之间会有少量间隙，较好的压延机采用气动式挡胶板和刮胶边装置。

　　挡胶板材料要求强度高和耐磨性好，通常采用酚醛塑料（夹布胶木）、铸型尼龙、青铜或硬木制成。刮胶边刀材料可用锡青铜或铍青铜。

2.2.10.2　扩布和扩边装置

　　纺织物在压延过程中，由张力装置和牵引作用始终处于一定张力作用下，从而产生纺织物被拉窄且边部的密度增加，为了保证纺织物宽度不变及密度的均匀性，因而压延机上设有扩布和扩边装置。

　　常用的扩布装置按其结构可分为弧形（中间具有 70～100mm 的挠度）扩布器、螺旋（表面上刻有自中间向两端延伸的螺纹）扩布器和旋转辊子扩布器三种，在一台设备中可以联合采用。

　　图 2-34 所示是旋转辊子扩布器的结构和工作状态。两个辊子 3 固定在带手柄 5 的转动圆盘 4 上，用带拧紧手柄 9 的螺栓 10 将圆盘固定在支架 7 上，支架 7 焊在上活板 6 上，此活板可沿双头螺栓 2 转动，并用螺母 8 将其固定在一定位置上。下固定板 1 由支架固定在机架上，此装置在机架两边各安装一个。

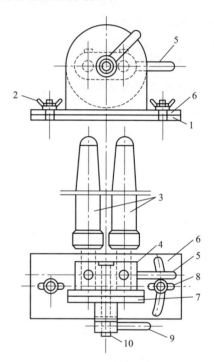

图 2-34　旋转辊子扩布器

1—下固定板；2—双头螺栓；3—辊子；
4—转动圆盘；5,9—手柄；
6—上活板；7—支架；8—螺母；10—螺栓

　　辊子的形状稍带圆锥形，以保证帘布扩展均匀及增大边缘的展布能力。

　　图 2-35 为旋转辊子扩布器的工作状态。

　　扩布的方法如下：帘布夹在两对辊子之间，当辊子沿总回转轴转动时，扩布张力角 β 即行增大，帘布张力随之增大，此时若 α 增大，帘布张力也增大，由于这个原因，帘布扩展能力及伸张力均有增加。

　　这种扩布器安装位置最好在两个地方，即帘布还没有受到剧烈伸张的地方和离压延辊筒最近的地方。

　　这种扩布器的优点是结构简单，操作方便又可靠。提高了帘布使用面积，消除了帘布中间的伸张，帘布密度均匀。

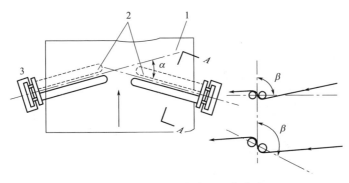

图 2-35　旋转辊子扩布器工作状态
1—帘布；2—辊子；3—固定板及活动板

2.2.10.3　切胶边装置

在帘、帆布上挂胶时，压延的胶片宽度通常要比帘、帆布的幅宽大，故帘、帆布挂胶后须将大于其幅宽的不规则胶边切除，使挂胶帘、帆布的两边齐整。为此，在压延机出料辊的两侧设有切胶边装置。切胶边装置不仅要在帘、帆布正常运行情况下能顺利切下胶边，而且能在帘、帆布稍有偏移的情况下也能正常工作，做到既要切除胶边又不能损伤胶布。因此要求切胶边装置的切刀既要紧靠帘、帆布边部，又能跟随帘帆布的偏移而自由移动。切胶边装置的结构有多种形式，图 2-36 所示为移动式切胶边装置。支架 1 固定在压延机两边的机架上。刀架 3 上装有 6 个滑轮 4 (内装滚动轴承)，可在导轴 6 上自由移动。利用弹簧 5 使挡胶板 8 紧贴在帘布边沿，并可随布边作少量位移。切刀 7 装在刀杆 10 上，刀杆上开有小孔，以调节固定切刀的位置。重锤 9 使切刀紧贴在辊面上。调节螺栓 2 可使切胶边装置绕支架 1 的支承轴作少量偏转。

这种切胶边装置灵活好用，广泛应用于帘布贴胶后的切胶边。另外切刀改成圆盘形，移动的刀架装有直线运动的滚动轴承，使切刀随帘布边的移动更灵活。

2.2.10.4　划气泡装置

胶料在压延过程中难免混入空气，遇热膨胀形成气泡，如不及时清除将影响帘布挂胶质量。为消除气泡，一般在压延机的贴合辊上装有划气泡装置，将辊筒上的胶面划破，使气体散出。

图 2-37 所示为一种常用的划气泡装置，它主要由划针 10、左右螺纹螺杆 4 和滑座 5 组成，利用导板 1 装在左右机架上。通过左右螺纹螺杆 4 的转动而带动装于滑座 5 上的划针 10 来回移动，将辊面上的胶层划破。螺杆 4 由帘布摩擦带动的导辊通过三角带传动而带动。调节弹簧 9 的压缩程度可以调整划针对辊面的接触压力。这种结构的划针移动距离不能调节，销轴 6 容易磨损。辊筒每转动两转，划针沿辊面来回移动一次。

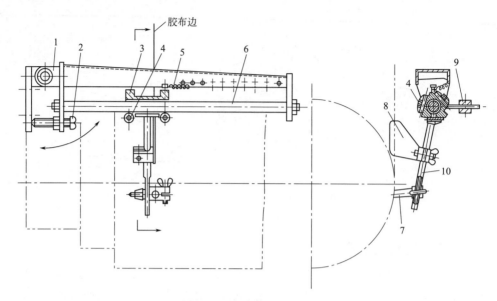

图 2-36   移动式切胶边装置

1—支架；2—螺栓；3—刀架；4—滑轮；5—弹簧；6—导轴；7—切刀；

8—挡胶板；9—重锤；10—刀杆

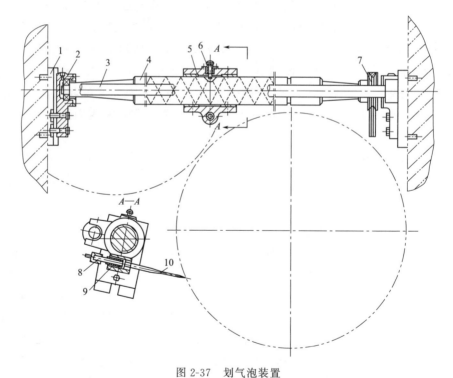

图 2-37   划气泡装置

1—导板；2—轴承座；3—导杆；4—左右螺纹螺杆；5—滑座；6—销轴；

7—V带轮；8—针杆；9—弹簧；10—划针

2.2.10.5　供胶装置

供胶装置可向压延机进行连续而均匀的供胶，以减少辊筒负荷变化，有利于提高压延质量。

供胶装置有多种结构形式，但都是由输送带、传动装置和摆动换向机构等组成。由热炼机或销钉式冷喂料挤出机供给的热炼胶胶条经输送带运送落在供胶装置的输送带上，通过金属探测以后，沿辊面来回摆动向压延机供料辊供胶。若胶条中夹有金属杂物时，金属探测仪发出报警信号，以便人工清除，保护机器免受损坏。探测仪应稳固装设在不受震动的地方，以免影响其灵敏度。

由于压延机工作时速度有高有低，因而要求供胶也能有相应的变化。为此，除可改变供胶胶条尺寸来改变供胶量外，还可应用改变输送带的速度来改变供胶量，故宜采用变速传动装置。常用的有直流电机、电磁调速电机或交流电机配无级变速器等。

为了均匀供胶，输送带以支承轴为支点，靠换向机构使其头部往返摆动。

2.2.10.6　递布与揭布装置

使用三辊压延机进行帘布单面贴胶、擦胶等作业时，由于系统断续性生产，递布和挂胶后揭布比较频繁，且不安全，因此有必要装设递布和揭布装置。

2.3　压延作业联动线

压延作业联动线由压延过程中各联动装置组成，它是压延机完成压片、压型、贴合和纺织物（或钢丝）挂胶等工艺作业的重要组成部分。

压延联动装置由各个独立单元组成，工艺用途不同，组成单元也不同。各个单元设备多由各自的直流电机拖动，通过电控方法使各单元设备稳定同步。

当前，在帘布压延机联动装置上，为提高压延半成品的质量，有的在从干燥辊出来的位置上装湿度检查仪表，它可连续指示帘布的湿度。为缩短帘布接头换卷的操作时间，有的采用大卷帘布，一般每卷布长达1000m，最长者达4800m。有的设有自动卸走挂胶帘布卷的装置。供胶多采用大规格的开放式炼胶机或冷喂料挤出机、传递式混炼机，并采用工业电视方法检查供胶情况。为导出胶布的空气或水分，还装有排气线架，停放时排除空气或水分。

随着钢丝轮胎和子午轮胎的发展，钢丝压延机及其联动装置发展也很快。钢丝帘布一般采用无纬压延法；有的把压延好的冷胶片贴在无纬钢丝帘布上，运动速率为15～20m/min，称为冷胶压延法。下面介绍用于纺织物帘布压延的$\phi700\times1800\times4$四辊压延联动装置和用于钢丝帘布压延的$\phi610\times1730\times4$四辊压延联动装置。

2.3.1　纺织物帘布压延联动装置

图 2-38 为 $\phi 700 \times 1800 \times 4S$ 形四辊压延联动装置。该装置主要用于帘布的双面贴胶。也可以进行帆布的擦胶以及压延胶片、胶板等。其主要组成设备为：导开装置、接头硫化机、小牵引机、储布装置、四辊牵引机、十二辊干燥机、张力架、定中心装置、冷却机、穿透式测厚装置、裁断装置、卷取装置。

需要贴胶或擦胶的帘布或其他纺织物放在导开装置上，由小牵引机牵引，通过接头硫化机与储布装置到干燥机烘干，烘干后送入四辊压延机上进行贴胶或擦胶，然后进入冷却机冷却定型，再送入卷取机自动卷取，卷取到一定大小直径的胶布卷，可由裁断装置进行自动裁断。

下面分别介绍各装置的情况。

（1）导开装置

导开装置用以导开布料，其本身没有动力，由主机或牵引装置通过布料进行拖动。该装置上可同时放两卷帘布，在导开轴的端部装有摩擦离合器，使帘布导开时保持一定的张力，张力的大小可用手轮调节。

（2）接头硫化机

用以硫化帘布接头的胶条，使压延作业能够连续进行。

接头硫化机主要由机架、液压缸、平板及一些控制机构等组成，平板用铸铝电加热，加热温度通过电接点温度计自动调节，硫化温度为 $180 \sim 200\,^{\circ}\mathrm{C}$，平板两侧有接头工作台，工作时上平板固定，下平板通过压力水或油控制其升降，总压力为 $10000\mathrm{kg}$。在下平板上装一挡板，当上下平板压合后，挡板触动行程开关，使时间继电器工作，硫化终了便发出信号，电磁铁动作，下平板复位，硫化完毕。

（3）小牵引机

小牵引机又名送布器，该机共三个 $\phi 230\mathrm{mm}$ 的工作辊，主要辊是橡胶辊，另两个为金属辊，橡胶辊是通过电机、行星摆线针轮减速器带动的，其牵引速率为 $6 \sim 60\mathrm{m/min}$。它的作用是按一定的速度导开帘布，在正常工作时，它的速度与压延速率相等或相近；在接头硫化时便停车，此时工作辊应起夹持作用，防止帘布在张力作用下滑动。硫化完毕，牵引速率要高于压延速率，以便补充储布量，当达到额定的储布量后又恢复正常工作速率。用闸瓦控制停车。

（4）储布装置

分为前后两个储布装置，前储布装置用以储存硫化接头时连续生产所需之帘布，后储布装置用以胶布裁断换卷时储存连续生产出的胶布，从而保证生产线的连续。

它由两排可变中心距的辊子组成，下排辊子装在固定的框架上，上排辊子装

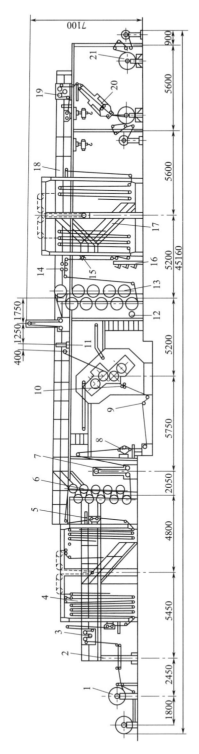

图 2-38　φ700×1800×4 S 形四辊压延联动装置

1—双工位导开装置；2—接头硫化机；3—前牵引机；4—前储布器；5—定中心装置；
6—干燥装置；7—过张力保护装置；8—大张力区定中心装置；9—扩幅辊；10—三指扩边器；
11—测厚装置；12—打印辊；13—冷却辊；14—结钮装置；15—剌孔辊；16—排线架；
17—后储布器；18—工作台；19—后牵引机；20—自动切割装置；21—双工位卷取装置

在可动的框架上，为保持活动架的平衡，在其上还装有导向链。储布装置内的张力由液压系统来控制，张力可在 $50\sim150\mathrm{kg}$ 范围内调节。

储布装置内有两个行程开关，正常工作时，活动框应处于储布量 57m 左右的位置上，当储布量增加到活动架上撞块触及第一个行程开关时，小牵引机应停车，当储布量减少，撞块触及第二个行程开关时，整个机组便停车。通过储布装置上的电阻器控制小牵引机的工作速率。

（5）四辊牵引机

四辊牵引机用以牵引帘布并保证各区段间的张力。压延机前后各装一组四辊牵引机。

（6）定中心装置

用以纠正帘布的位置，防止跑偏。共有定中心装置四组，单独定中心装置两组，小张力架和储布装置各有一组。

该装置主要由两根辊子组成，布料穿过辊子前进，当布料（或胶布）跑偏时，通过探测元件和调节器控制定中心装置的执行机构油缸（或气缸），使其一端支架移成某一角度，促使胶布返回到中间位置。

（7）十二辊干燥机

用以干燥帘布，该机是无动力式，干燥辊靠帘布的张力拖动，干燥辊用蒸气加热，通过严封头不断排出冷凝水，在帘布进入干燥辊处设有弧形扩布器，保证帘布的宽度与密度。

（8）张力架

张力架有两组，分别装在十二辊干燥机和冷却机的后面，它由三个导辊和一对电感式张力计感应元件张力环组成，用以测定压延机前、后区段间帘布与胶布的张力。张力测定范围 $100\sim1000\mathrm{kg}$。测定值可在操纵台上读数。

（9）冷却机

用以冷却胶布。冷却机是无动力式，冷却辊依靠胶布的张力拖动。

冷却辊多为钢制的双壁圆筒，在双壁圆筒之间焊有多条螺旋形板条，冷却水就在螺旋形板条之间通过。

（10）小张力架

小张力架用以测量胶布卷取时的张力值。胶布每通过 250mm，张力架导辊转动一周，导辊上的撞块与微动开关接触，通过电控制在操纵台上的数字计数器以数字显示，以便进行定长裁断。

（11）裁断装置

用以裁断胶布。裁断是用电机带动的圆片刀进行的，开动电机使圆片刀转动，同时电磁铁将拖轮吸上，使胶布处于准备裁断的位置，此时装在车体上的电磁离合器投入工作，使车体通过链轮与链条的啮合获得与胶布相同的纵向移动，

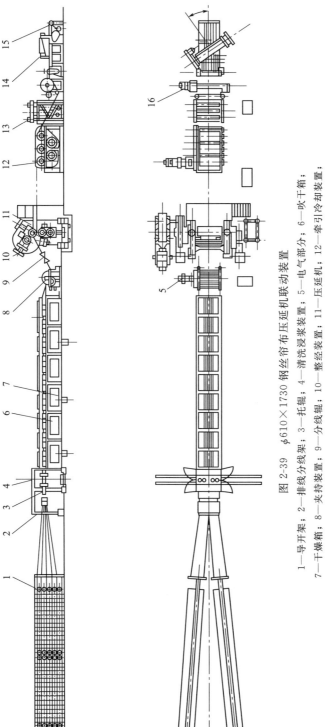

图 2-39　φ610×1730 钢丝帘布压延机联动装置

1—导开架；2—排线分线架；3—托辊；4—清洗浸浆装置；5—电气部分；6—吹干箱；
7—干燥箱；8—夹持装置；9—分线辊；10—整经装置；11—压延机；12—牵引冷却装置；
13—二环储布器；14—裁断装置；15—运输装置；16—卷取装置

当车体移动时，固定在支架上的齿条带动了装在车体上的齿轮回转，并通过伞齿轮啮合，链条的传动使裁断圆片刀横向移动，裁断胶布，裁断最大宽度为1500mm。裁断完毕，切断电磁铁与圆片刀的电源，通过离合器使车体和圆片刀复位。在裁断时，装在运输带上部的压紧装置工作，防止胶布在张力的作用下脱落。

（12）卷取装置

用以连续卷取胶布，卷取装置由两个卷轴交替工作。为防止胶布互相黏着，配有两个垫布卷，卷取时在胶布间衬以垫布，一个胶布按一定的长度卷满后，需要换卷，换装有机械式定中心的装置，胶布卷取时能自动调节，并保持一定的张力。其卷取速率为 7～70m/min。

2.3.2　钢丝帘布压延联动装置

$\phi610\times1730$ 钢丝帘布压延机组成如图 2-39 所示。该机组主要供钢丝帘布进行两面贴胶，以便连续生产之用。该机组由导开架、排线分线架、清洗装置、吹干箱、干燥箱、夹持装置、分线辊、整经装置、牵引冷却装置、二环储布器、卷取装置和裁断装置组成。

工作时将绕满钢丝的锭子置于前后锭子导开架上，导开架上设有 660 个线锭座，分成四排，每排五层，锭子容线量为 4000m。钢丝被引出后通过排线分线架，使五层钢丝排成两层，宽度收缩成所需的宽度，密度接近所要求的密度，然后通过密闭的盛有汽油的清洗槽，浸洗时间 4～16s，除去钢丝表面油污，经吹干箱后进入干燥箱中，钢丝在箱内停留时间 20～80s，预热钢丝表面，再经过夹持辊、分线辊、整经辊，使钢丝获得必要的张力，并按所需的密度精确排列，再进入压延机两面贴胶。贴好胶的钢丝胶帘布送去卷取，并按要求长度进行裁断。

在放钢丝锭子导开架的房间需进行空调以保证钢丝胶料的附着力，其相对湿度需保持在 45％（冬季）至 55％（夏季），室温为 27～30℃。

2.4　压延机工作原理及主要工艺性能参数

2.4.1　工作原理

压延机的工作原理与开炼机的工作原理大致相同。两个相邻辊筒在等速或有速比情况下相对回转时，将具有一定温度和可塑度的胶料在辊面摩擦力的作用下被拉入辊距中，由于辊距截面的逐渐变小，使胶料逐步受到强烈的挤压与剪切而延展成型，从而完成纺织物覆胶（擦胶或贴胶）、钢丝帘布贴胶、胶片压延或压型，以及多层胶片的贴合。为了使压延前的胶料能得到进一步的混炼、捏合和均化，通常胶料要预先通过 1～2 个具有一定速比的配对辊筒的辊距。

胶料在压延机两个相邻辊筒辊距内的受力情况如图 2-40 所示。回转的辊筒依靠辊面摩擦力将胶料拉入辊距中，由于辊距截面的不断变小使胶料受到挤压，该挤压力由径向力 P（即横压力）和切向力 T（即摩擦力）组成。径向力 P 可分解为力 P_x 与力 P_y，同样，切向力 T 可分解为力 T_x 和力 T_y。P_y 与 T_y 方向相同，对胶料起压缩作用，而 P_x 和 T_x 方向相反，T_x 力图将胶料拉进辊距，而 P_x 则相反，故要使胶料能拉出辊距，必须使 $T_x \geqslant P_x$。因此压延机必要的工作条件为胶料与辊筒的摩擦角必须大于胶料与辊筒的接触角。

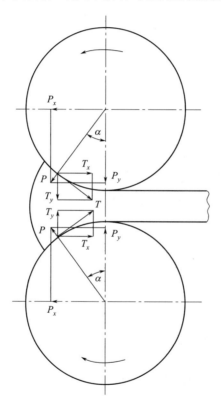

图 2-40　胶料在辊距中的受力情况

从图 2-40 可知，只有 $T_x > P_x$ 时，胶料才能拉入辊缝：

$$T = Pf \tag{2-1}$$

式中　T——切向作用力（摩擦力）；

　　　P——辊筒对胶料的正压力（径向作用力）；

　　　f——辊筒对胶料的摩擦系数。

由于

$$f = \tan \rho \qquad\qquad (2\text{-}2)$$

则

$$T = P \tan \rho \qquad\qquad (2\text{-}3)$$

式中　ρ——摩擦角。

由于切向水平分力 T_x 为

$$T_x = T \cos \alpha = P \tan \rho \cos \alpha \qquad\qquad (2\text{-}4)$$

径向水平分力 P_x 为

$$P_x = P \sin \alpha \qquad\qquad (2\text{-}5)$$

由于胶料被拉入辊距的必要条件是：

$$T_x \geqslant P_x$$

故而

$$P \tan \rho \cos \alpha \geqslant P \sin \alpha$$
$$P \tan \rho \geqslant P \tan \alpha$$

所以

$$\rho \geqslant \alpha$$

可见，胶料被拉入辊距的条件是，必须保证接触角 α 小于或等于摩擦角 ρ。

橡胶或胶料与金属辊筒的摩擦角 ρ 与胶料的组分、可塑度、辊筒温度、胶料温度及辊筒表面形状有关。如可塑度越大、温度越高，摩擦角亦大。在一般条件下，铸铁辊筒与胶料的摩擦系数为 $0.6 \sim 0.9$，胶料与金属辊筒的摩擦角 $\rho = 36° \sim 42°$。另外，在压延时辊面具有一定温度，且胶料经过热炼后加入，已呈黏流态，同时压延机是连续供料，堆积胶较少，故胶料与辊面的摩擦角较大，而胶料与辊面的接触角则较小。在实际生产中，通常 $\alpha = 3° \sim 10°$，因而摩擦角远比接触角大得多。因此，在压延作业中，胶料极易被拉入辊距压延成型。

2.4.2　主要工艺性能参数

2.4.2.1　辊筒工作部分直径与长度

辊筒是压延机的主要零部件，其工作部分的直径与长度表示机器的规格，也标志机器能够加工制品的最大幅宽及生产能力，与其他性能参数有着密切的关系。

辊筒工作部分长度 L 与直径 D 之比 L/D 称为长径比。长径比是反映辊筒刚度的一个重要数据。长径比愈大，辊筒的刚度愈差，挠度增大，影响压延制品的精度。长径比过小，则压延幅宽减少，生产能力受到影响，而增大辊筒径时，横压力与功率亦相应增大。在辊径相同时，长径比愈大，辊筒刚度愈小。长径比愈大，挠度比也愈大。

选择一个恰当的长径比很重要。一般应根据压延制品的幅宽，胶料的种类、性质及可塑度，单位横压力等确定辊筒工作面宽及合理的长径比，然后再选定符合标准尺寸的辊筒直径。压延制品最大幅宽与辊筒工作部分长度之比值一般为0.8～0.9。辊筒长径比一般为2.5～3。胶料硬度大或单位横压力较大者，长径比应取小值，反之可取大值。表2-4列出了国内外压延机所采用的辊筒长径比。

表 2-4 国内外压延机所采用的辊筒长径比

中国		德国		美国		意大利	
辊筒规格/mm	长径比	辊筒规格/mm	长径比	辊筒规格/mm	长径比	辊筒规格/mm	长径比
230×630	2.74	300×700	2.33	150×330	2.2	250×500	2.0
360×1120	3.1	400×1000	2.5	300×610	2.03	350×700	2.0
450×1200	2.67	500×1300	2.6	455×1220	2.68	450×1200	2.67
550×1300	2.36	600×1600	2.67	610×1730	2.84	550×1500	2.73
550×1700	3.1	700×1900	2.71	710×1830	2.57	610×1700	2.79
610×1730	2.84	800×2200	2.75	815×2340	2.87	710×1900	2.68
700×1800	2.57	900×2500	2.78	910×2540	2.79	860×2600	3.0

采用较大辊筒长径比可增大压延幅宽，这对节省能源、减少设备投资、提高经济效益都有好处。但由于受着辊筒刚度的限制，长径比不能太大。而辊筒的刚度除了其结构形式外，还与所用材料有关。辊筒用一般铸铁制成，其弹性模量平均为 $1.1 \times 10^5 \text{N/mm}^2$。如为复合浇铸铸铁辊筒（即外层用一般冷硬铸铁，内层用球墨铸铁），则其弹性模量提高到 $1.75 \times 10^5 \text{N/mm}^2$，刚度可增大近60%，其机械性能也比一般的冷铸铁优越。因此，长径比就能相应增大。

采用复合浇铸材料制造的辊筒是20世纪80年代初以来压延机的重要改进之一。这种辊筒的特点如下：

① 辊径和辊筒挠度相同时，可增大辊面工作宽度20%左右，扩大压延制品幅宽。

② 辊筒工作面长度及辊筒挠度相同时，可以减少辊径，同时可降低辊距间的横压力与驱动功率。

③ 辊筒工作面长度与辊径相同时，可减少辊筒挠度，提高压延制品精度。

④ 铸造工艺复杂，成本提高。

近年来，有不少压延机制造厂采用新的辊筒材料以增大辊筒长径比或减少辊径。

在实际使用中由于各个辊筒工作温度、辊距和辊距间积胶的不同，产生的横压力也不同。为使结构合理，在辊筒挠度允许的范围内，受力大的辊筒用大直径，受力小的辊筒用小直径，以利节能和提高压延精度。为此，近年来出现了大、小直径辊筒搭配使用的异径辊压延机。

在堆积胶高度相同的情况下，大、小辊筒直径配对的堆积胶体积，要比两个直径相同辊筒的堆积胶体积少 30％，因而辊距间的横压力减少，传动功率下降，但胶料导入角增大，增加了胶料的积压力，提高了压延制品的质量。

当前，相配合应用的大小直径辊筒已在塑料压延机上得到愈来愈多的应用，而在橡胶压延机上还未付诸应用。

2.4.2.2　辊筒线速度与速比

（1）辊筒线速度

辊筒线速度是指压延机辊筒的圆周速度。由于压延机各辊筒的线速度不同，一般是以压延出制品的辊筒（三辊压延机为中辊或 2 号辊，四辊压延机为中辊或 3 号辊）的线速度为准。线速度是衡量压延机生产能力和水平的一个重要参数。根据压延工艺的要求，最低线速度应能满足慢速启动，操作调整的方便与安全（如递布、引头、检测包辊胶片厚度等）的要求，通常在 3～8m/min 范围内选用。正常工作速率则能满足生产需要，并应有较大的调速范围，以适应不同压延工艺和制品的需要。通常中小规格压延机的调速范围不小于 3m/min，大规格压延机的调速范围不小于 10m/min。专用压延机（如鞋底压型压延机等）则可固定几种速度。

压延速率与压延机规格有关：辊筒规格小，速率低；规格大，速率高。另外还与其结构有很大关系，特别是与辊筒本身结构、加热冷却方式及传动方式有关，如普通压延机受大小驱动齿轮传动精度差及中空辊筒加热温差大冷却缓慢等的限制，只有精密压延机的压延速率才能适当提高。

理论上压延速率愈高，生产效率也愈高，但所消耗功率也愈大，要求自动化水平也愈高。所以压延速率通常需通过综合考虑而确定。

压延速率的提高，受到诸多因素的制约，因此尽管国际上压延机的水平近年来有很大提高，但其压延速率却提高不多，如纤维帘布压延机的速度一般为 50～80m/min，个别为 115m/min，而钢丝帘布压延机的速度通常则在 20～50m/min。

国内大型压延机的压延速率为：纤维帘布双面贴胶为 30～60m/min，钢丝帘布双面贴胶为 4～20m/min，帘帆布擦胶或压力贴胶为 30～55m/min，细布擦胶或压力贴胶为 10～30m/min，压延胶片为 10～30m/min。

各种规格压延机的辊筒线速度见表 2-5。

表 2-5　各种规格压延机辊筒线速度

压延机规格	辊筒线速度/(m/min)		压延机规格	辊筒线速度/(m/min)	
	纤维帘布	钢丝帘布		纤维帘布	钢丝帘布
$\phi230\times630$(三辊)	2～10	2.5～7.5	$\phi550\times1700$(三辊)	5～50	
$\phi360\times1120$(三辊)	7.3～21.9	4～12	$\phi610\times1730$(四辊)	5.5～54	3～12
$\phi450\times1200$(三辊)	9～25		$\phi700\times1800$(四辊)	7～70	
$\phi550\times1300$(四辊)		4～20			

（2）辊筒速比

辊筒速比是指相邻辊筒的线速度之比，它与压延工艺、操作方法及胶料性质有关。为了使胶料可塑度均匀和清除胶料中的气泡，通常供料辊筒具有 1：(1.1～1.5) 的速比。软胶料取小值，硬胶料取大值。对于擦胶作业，为使胶料易于渗入纺织物，擦胶辊筒的速比为 1：(1.2～1.5)。速比愈大，剪切力愈大，擦胶效果愈好，但速比过大会损伤纺织物，且易引起胶料焦烧和导致负荷增大，而速比过小则胶料的渗透作用减弱，影响制品质量，故对于质地均匀的厚帆布可选用较大速比，而对薄而强度低的纺织物则可选用 1：(1.2～1.4) 的速比。对于压片、压型、贴合、贴胶等作业，常采用速比为 1：1 的等速压延。

国内生产用压延机的速比多为 1：(1.4～1.5)，试验用压延机速比则为 1：2 左右。为了适应多种工艺的要求，辊筒速比最好能在 1：(1～1.5) 的范围内无级调节。

纤维帘布或钢丝帘布贴胶时，供胶辊筒的速比一般为 1：1.5，而贴合辊筒的速比为 1：1。这种速比根据生产实践的检验，认为压延速率≤35m/min 时是合适的，如果压延速率提高，达到 70m/min 以上时，胶料由于摩擦加剧而急剧升温，为工艺所不许。为此，如日本 IHI 等公司把高速压延时的速比降到 1：1.3 或以下，把贴合辊的速比由 1：1 改为 1：(1.01～1.03)。实践证明，这样做可减少动力消耗，降低冷却水用量，并能保证压延质量。

2.4.2.3　横压力

横压力（又称辊筒分离力）是企图使配对辊筒分离开的被加工胶料的变形阻力，是设计压延机的一个基本数据。

由压延工作原理可知，当胶料进入两辊筒间的辊筒变形区内时，由于辊距截面的逐渐变小，迫使胶料厚度也逐渐变小，从而使胶料不断受到挤压变形，胶料对辊筒的反作用力由小增大。胶料在变形区内各点的运动速率不同，因而在辊筒接触角范围内各点的横压力也不相同。由试验得知，横压力最大值不是在辊距最小处，而是在进入辊距最小处的稍前处。

在压延过程中，影响横压力的主要因素有：胶料性质和胶料温度、辊筒工作速率和速比、辊距大小（压延厚度）、辊筒直径和工作长度、加料方式（连续均匀带状加料还是间歇式成卷加料）及工艺操作方法等。胶料品种不同对辊筒产生的横压力也不同，这是由橡胶分子链结构不同而引起的。例如，在相同的压延条件下，丁腈橡胶比天然橡胶的横压力要高 50% 左右。同品种胶料若硬度不同，可塑度和黏度不同，则其横压力也不同，可塑度小黏度大者，则横压力也大。胶料温度和辊筒工作面温度的变化对胶料的可塑度和加工性质有很大影响。实测证明，温度和横压力成反比关系，温度愈低，横压力愈大。辊距和横压力成反比关系，辊距愈小，横压力愈大，但当辊距超过某一数值后，变化就不明显了。在一般情况下，辊筒工作速率与横压力成正比关系，速率愈高，横压力愈大，但增大比较缓慢，因速率提高剪切速率也提高，温度随之升高所致。辊筒直径和工作长度与横压力成正比关系，辊筒直径愈大，横压力愈大，工作长度愈长，总横压力也愈大。压延加工工艺方法不同，产生的横压力也不同。在相同的加工条件下，擦胶和压力贴胶和横压力比一般贴胶的横压力大。

2.4.3　生产能力

2.4.3.1　超前系数

在压延过程中，胶料通过辊距时的速度大于辊筒的线速度，这种现象称为超前现象。超前现象与生产能力有关，在计算时为考虑这种现象而引入超前系数 ρ。超前系数 ρ 为胶料压延速率与辊筒线速度之比，如式（2-6）所示，超前系数与胶料性质及胶料与辊筒的接触角大小有关，一般取 $\rho = 1.1$。

$$\rho = v_e / v \tag{2-6}$$

式中　v_e——胶片在辊距中的运动速率即压延速率，m/min；

　　　　v——胶片在辊筒非辊距处的运动速率即辊筒速率，m/min。

在压延过程中，我们认为胶料除几何形状变化外，其体积不变，因此在辊距内，变形的胶料厚度缩小，但实际宽度并不改变，只是使其长度剧烈增大，即速率增大，则离开辊筒后，胶料的厚度便要增大，用公式表示如下：

$$ebv_e = hbv \tag{2-7}$$

式中　e——辊距，m；

　　　　b——胶片宽度，m；

　　　　h——辊筒非辊距处胶片厚度，m；

　　　　v_e——胶片在辊距中的运动速率即压延速率，m/min；

　　　　v——胶片在辊筒非辊距处的运动速率即辊筒速率，m/min。

把上式简化得：

$$h/e = v_e/v = \rho \tag{2-8}$$

2.4.3.2　生产能力

压延机的生产能力一般用两种方法表示，一是按单位时间内压延制品的质量（kg/h），二是按单位时间内压延制品的长度（m/h）或面积（m²/h）。无论哪一种计算方法，必须确定压延半成品的线速度，确定半成品的线速度的方法有两种：第一，按实际测得的压延半成品实际速度取平均值；第二，按辊筒的直径和转速计算出辊筒线速度，即按式(2-9) 计算：

$$v = \pi D n \tag{2-9}$$

式中　v——辊筒线速度，m/min；

　　　D——辊筒直径，m；

　　　n——辊筒转速，r/min。

当辊筒有速比时，以慢速辊筒为计算依据。再依据超前系数求出压延半成品的线速度。

压延机的生产能力计算如下。

（1）按压延半成品长度计算：

$$Q = 60 v \rho \alpha \tag{2-10}$$

式中　Q——压延机的生产能力，m/h；

　　　v——辊筒的线速度，m/min；

　　　ρ——材料超前系数，一般取 1.1；

　　　α——压延机利用系数，按生产条件及工作组织而定，取 0.7～0.9。

（2）按压延半成品重量计算：

$$Q = 60 v h b \gamma \rho \alpha \tag{2-11}$$

或

$$Q = 60 \pi D n h b \gamma \rho \alpha \tag{2-12}$$

式中　Q——压延机生产能力，kg/h；

　　　v——辊筒线速度，m/min；

　　　h——半成品厚度，m；

　　　b——半成品宽度，m；

　　　γ——半成品密度，kg/m；

　　　ρ——超前系数，一般取 1.1；

　　　α——压延机利用系数，取 0.7～0.9；

　　　D——辊筒直径，m；

　　　n——辊筒转速，r/min。

2.4.4　主要性能参数

橡胶压延机国家标准 GB/T 13578—2010 规定的系列、基本参数（主要性能参数）和辊筒排列形式见表 2-6 和表 2-7。各橡胶机械厂生产的压延机的主要性能参数见表 2-8。

表 2-6　橡胶压延机系列、基本参数（GB/T 13578—2010）

辊筒尺寸/mm		辊筒个数	辊筒线速度/(m/min)		主电机功率/kW	制品最小厚度/mm	制品厚度公差/mm	用途
直径	工作长度		最低	最高				
230	630	2	2	10	7.5	0.5		压延胶鞋鞋底、鞋面沿条等
		3	2	10	15	0.2	±0.02	压延力车胎胎面、胶管和胶带胶片等
		4	4	10	22	0.2	±0.02	压延橡胶
						0.5		压延钢丝帘布
360	1120	2	8	20	30	0.2	±0.02	压延轮胎隔离胶片及一般胶片
		3	8	20	55	0.2	±0.02	压延胶布及一般胶片
		4	8	20	60	0.2	±0.02	压延橡胶
			4	12	60	0.5		压延钢丝帘布
450	1200	3	10	25	75	0.2	±0.02	压延橡胶
550	1700	3	5	50	110	0.2	±0.01	压延橡胶
		4	5	50	160	0.2	±0.01	压延橡胶
610	1730	3	6	50	132	0.2	±0.02	压延橡胶
		4	6	50	160	0.2	±0.02	压延橡胶
700	1800	3	6	60	300	0.2	±0.01	压延橡胶
		4	7	60	400	0.2	±0.02	压延橡胶

表 2-7　辊筒排列形式

辊筒个数	2	3			4			
辊筒排列形式								
符号	I	Γ	L	I	Γ	L	S	

表 2-8　国产压延机主要性能参数

型号	辊筒规格/mm	辊筒线速度/(m/min)	辊筒速比	最小压延厚度/mm	主电机功率/kW	机器重量/t	外形尺寸/m	用途	制造厂商
XY-2I630CW	φ230×630	1~10	1:1	0.2	5.5	2.5	2.77×0.6×1.35	胶片、胶条	南京凯驰机械有限公司
XY-3I630CW	φ230×630	2~10	1:1:1	0.2	11	3.8	3.15×1×1.74	胶片、织物贴胶	南京凯驰机械有限公司
XY-3I630	φ230×630	2~10	1:1:1.21	0.2	11	3.8	3.15×1×1.74	压片、压型	南京凯驰机械有限公司
XY-4Γ630	φ230×630	2.2~6.6	1:1.5:1.5:1	0.2	15	4.3	3.18×1.12×1.74	压片、压型	无锡双象橡塑机械有限公司
XY-4Γ630CW	φ230×630	2~10	1:1:1:1	0.2	11	4.3	3.18×1.12×1.74	压片、压型	无锡双象橡塑机械有限公司
XY-4L630CW	φ230×630	2~10	1:1:1:1	0.2	15	4.3	3.18×1.12×1.74	压片、压型	大连华韩橡塑机械有限公司
XY-5T700	φ230×700	1~10	1:1	0.2	5.5	3.0	3.6×1.62×1.03	鞋底、围条、靴底、靴面	大连华韩橡塑机械有限公司
XY-3F1120A	φ360×1120	7.3~22	1:1:1 0.73:1:1	0.2	13.3/40	11	5.5×1.86×2.0	压片、贴胶、擦胶	大连华韩橡塑机械有限公司
XY-4F1120A	φ360×1120	4.2~12.5	0.73:1:1:0.73	0.2	18.3/55	13	5.5×1.86×2.32	钢丝帘布	大连华韩橡塑机械有限公司
XY-3L1120	φ360×1120	1.4~27.4	1:1:1	0.2	56	11.2	5.5×1.86×2.0	轮胎缓冲胶片	大连华韩橡塑机械有限公司
XY-3II1200	φ450×1200	8.36~25.08	1:1:1 1:1.5:1	0.1	25/75	26	6.6×1.91×2.75	压片、贴胶、擦胶	大连华韩橡塑机械有限公司
SY-4Γ1200	φ450×1200	4~40	无级	0.1	18.5×2 22×2	35	8×2.5×3.8	钢丝帘布	大连橡塑机械厂
XY-4S1300	φ550×1300	4~20	1:1.5:1.5:1	0.5	40×2 55×2	52	7.1×3.7×4.05	钢丝帘布	大连橡塑机械厂
XY-3II1730	φ610×1730	5.4~54	1:1.4:1	0.15	100	52	7.01×3.95×3.73	压片、擦胶、贴胶	大连橡塑机械厂
XY-4Γ1730	φ610×1730	5.4~54	1:1.4:1.4:1.4 1:1.4:1.4:1	0.15	160	64	7.01×4.105×3.73	帘布双面贴胶、压片、贴合等	大连橡塑机械厂
XY-4S1800A	φ700×1800	7~70	无级	0.2	90×4	120	8.7×4.2×4.1	帘布双面贴胶等	大连橡塑机械厂

2.5　压延工艺

压延是胶料通过专用压延设备对转辊筒间隙的挤压，延展成具有一定规格、形状的胶片，或使纺织材料、金属材料表面实现挂胶的工艺过程。它包括压片、贴合、压型、贴胶和擦胶等作业。压延是一项精细的作业，直接影响着产品的质量和原材料的消耗，在橡胶制品加工中占有重要地位。

压延的主要设备是压延机。压延机按辊筒数目可分为二辊、三辊、四辊及五辊（其中三辊、四辊应用最多）压延机；按工艺用途可分为压片压延机、擦胶压延机、通用压延机、共挤压延机、贴合压延机、钢丝压延机等；按辊筒的排列形式可分为竖直形、三角形、Γ形、L形、Z形和S形压延机等。此外，还常配备作为预热胶料的开炼机，向压延机输送胶料的运输装置，纺织物的预热干燥装置及纺织物（胶片）压延后的冷却和卷取装置等。

压延工艺过程一般包括混炼胶的预热和供胶；纺织物的导开和干燥；胶料在压延机上压片、贴合、压型或在纺织物上挂胶；压延半成品的冷却、卷取、裁断、存放等工序。

2.5.1　压延的基本原理

胶料在压延过程中，是一种流体流动过程。压延时，胶料一方面发生黏性流动，另一方面又发生弹性变形。压延中的各种工艺现象，既与胶料的流动性质有关，又与胶料的黏弹性质有关。

2.5.1.1　胶料在辊筒缝隙中的受力及流动状态

（1）胶料进入辊筒缝隙的条件

胶料进入开炼机两辊筒间隙的条件是接触角要小于和等于胶料与辊筒间的摩擦角。这一条件也同样适用于压延机。那么，多厚的胶料才能进入压延机辊筒缝隙而被压延呢？

设进入压延机的胶料厚度为 h_1，经压延其厚度减为 h_2，则厚度减小为 $\Delta h = h_1 - h_2$，Δh 称为胶料的厚度压缩值，它与接触角 α 和辊筒半径间的关系可从图 2-41 的几何关系中求出。

$$R_1 = R_2 = R，\Delta h_1/2 = R - O_2 C_2 = R - R\cos\alpha$$
$$\Delta h_1 = 2R(1 - \cos\alpha)$$

当压延机辊距为 e 时，能够引入压延机的胶料最大厚度为：

$$h_{1,最大} = \Delta h + e$$

可以看出，能够进入压延机辊筒缝隙的胶料最大厚度为胶料的厚度压缩值 Δh 和辊距 e 之和，并且当辊距一定时，辊筒直径越大，能进入辊筒缝隙的胶料厚度也越大。

（2）胶料在辊筒缝隙中的受力状态

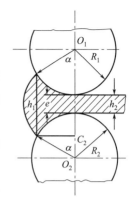

图 2-41　辊筒间胶料
的压缩

胶料压延时，在辊筒缝隙中受到两方面的作用力，一是辊筒的旋转拉力，它由胶料和辊筒之间的摩擦力作用产生，它的作用是把胶料带入辊筒缝隙；二是辊筒缝隙对胶料的挤压力，它使胶料向前推进。

胶料具有很高的黏度，压延时受摩擦力作用进入辊筒缝隙。由于辊筒缝隙逐渐变小，使辊筒对胶料的压力就越来越大，直至在辊筒的某一位置处（最小辊距 y 之前一点，图 2-42）出现最大值。然后胶料在强大的压力作用下快速地流过辊筒缝隙。随着胶料的流动，压力逐渐下降，至胶料离开辊筒时，压力为零。胶料压延时，在辊筒缝隙中所受的压力随辊距而变化，其变化规律是由小到大，再由大到小。由实验测得的压力分布曲线（是从软聚氯乙烯压延测得）大致如图 2-42 所示。

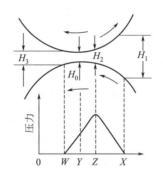

图 2-42　胶料经过辊缝时的压力分布

H_1—胶料受压前的厚度；H_2—压力最高点处的辊距；H_3—压延胶片的厚度；H_0—辊距；

X—压力起点；Z—压力最高点；Y—辊距对应点；W—压力零点

由图 2-42 可知，当胶料从 X 点进入辊缝后，压力逐渐上升，至 Z 点达到最大压力值。随后压力下降，在 W 处压力为零。实验结果表明，辊距最小处的 Y 点的压力仅为最大压力值的一半。

将压力分布曲线进行积分，乘以辊筒的工作部分长度，得到总压力。通常所说的横压力是指胶料反作用于辊筒表面的力，其大小与总压力相等，方向相反。根据理论分析和实验测定，影响横压力的主要影响因素有辊筒直径、辊筒线速度、辊筒工作部分长度、辊筒辊距、胶料黏度和辊筒温度等。一般规律是，横压力随辊筒直径和工作部分长度的增加、胶料黏度的增大而增大；辊筒线速度增大，横压力开始增加，当线速度增大影响到胶料黏度下降较大时，横压力的增大就趋于平衡；在较大的辊距范围内，辊距减小，横压力增加；胶料和辊筒的温度增加，横压力下降。总之，上述各种因素对横压力的影响是复杂的。根据实验结果的计算，当物料黏度为 $10^4 \mathrm{Pa \cdot s}$（$10^5 \mathrm{P}$）、线速度为 25cm/s，辊筒直径为 20cm 的压延机，在辊距为 0.1mm 下进行压延时，所产生的横压力可达 $1.275 \mathrm{kN/m^2}$（$133 \mathrm{kg/cm^2}$）。由此可见，胶料通过压延机辊筒缝隙时，给予辊筒的横压力是很大的，这会使辊筒产生弹性弯曲（或挠度），以致压延出来的胶片有中部厚、两边薄的现象。为此，压延机在设计上必须进行挠度补偿。

（3）胶料在辊筒缝隙中的流动状态

胶料由于受辊筒缝隙的压力作用而流动。由于压力是随辊距变化而变化，胶料的流速也随之变化。当两辊筒线速度相等时，其胶料的流动状态如图 2-43 所示。

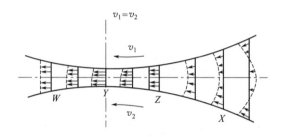

图 2-43 胶料在辊缝中的流速分布

由图 2-43 可知，X 点为压力起点，由于辊筒缝隙大，此时因辊筒旋转对胶料产生的拉力大于挤压力，使胶料沿辊筒表面的流速快于中央部位，胶料内外层之间便出现了凹形速度梯度。随着胶料继续向前流动，压力递增，使中央部位流速逐渐加快，这时内外层的速度梯度逐渐消失，当到达压力最高点 Z 点时各部位的流速就趋于一致。过 Z 点后，由于压力推动作用很大，使中央部位的流速加快，逐渐超过边侧部位，内外层的速度梯度变成了凸形，而且在 Y 点（辊距 H_0 处）形成最大的速度梯度。这种速度梯度随着胶料继续前进，压力递减，又复逐渐消失。当到达压力零点 W 点时，内外层速度又复归一致。

由于辊距 H_0 处（即 Y 点上）具有最大的速度梯度，因此胶料流经此处时，会受到最大的剪切作用而被拉伸，压延成为薄片。但当胶料离开辊距后，由于弹性恢复作用而使胶片增厚。所以，最后所得的压延胶片其厚度都大于辊距 H_0。

以上分析了两辊筒线速度相等时胶料的流动状态。当两辊筒线速度不相等时，其胶料的流动状态如图 2-44 所示。从图 2-44 中可以看出，当两辊筒线速度不等时，胶料流速分布规律基本不变。只是这时在 Z 点、W 点处，胶料的流速不是相等，而是存在着一个与两辊筒线速度差相对应的速度梯度。胶料中间部位速度最大处也都向速度大的辊筒那边靠近了一些。总的结果是速度梯度增加。

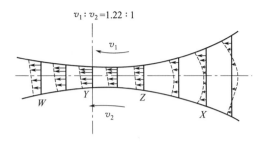

图 2-44　速比不等于 1 时胶料的流速分布

由于压延时胶料只沿着辊筒的转动方向进行流动，而没有轴向的流动，因此胶料是属于一种稳定的流动状态或是层流状态。所以利用压延这种方法可制备出表面光滑、尺寸准确的半成品。

2.5.1.2　压延中胶料黏度与切变速率和温度的关系

良好的流动性是胶料压延能顺利进行的先决条件。胶料的流动性一般是用黏度来量度的。黏度值越小，流动性越好；反之，黏度值越大，流动性越差。而胶料黏度的大小直接受切变速率和温度的影响。

图 2-45 示出几种不同橡胶的黏度和切变速率之间的关系。图 2-45 中可见，切变速率很低时，三种胶料的黏度都很高，大于 10^5 Pa·s；而当切变速率增至压延、压出速率范围时，三种胶料的黏度都下降为原来的 1/10。

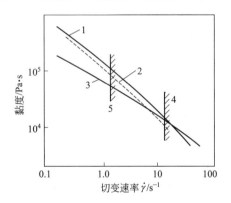

图 2-45　橡胶的黏度和切变速率之间的关系（100℃）
1—天然橡胶（烟片）；2—丁苯橡胶；3—丁苯橡胶 1500；
4—相当于压延切变速率；5—相当于门尼黏度测定的切变速率

胶料黏度与切变速率的这种依赖关系，对压延工艺是很有意义的。例如压延时切变速率是很大的，此时胶料表现得很柔软，流动性很好，满足压延加工的要求。而当胶料离开辊筒缝隙后，流动停止，黏度变得很大，半成品有良好的挺性，放置时不会变形。所以适当提高压延速率有利于提高胶料的流动性，但速率不可太高，否则会增大半成品的回缩率，表面不光滑，并且有压破帘线等毛病。

　　由于不同橡胶的黏度变化对切变速率的敏感性不同（图 2-45），只有对切变速率敏感的橡胶（如天然橡胶），才能适用通过调节压延速率来调节流动性的办法。否则，会因切应力过大而有损坏设备的危险。

　　胶料黏度的另一特征是与温度有依赖关系。以阿伦尼乌斯公式说明，即：

$$\eta = A e^{E/RT} \tag{2-13}$$

式中　A——常数；

　　　R——气体常数；

　　　E——橡胶的流动活化能；

　　　T——热力学温度。

　　式（2-13）说明，当温度增加时，黏度将显著降低。因此，可利用提高胶料温度和压延机工作温度的办法，来提高胶料在压延时的流动性。为达到此目的，供压延用的胶料都要进行热炼，以提高温度。但不同橡胶对温度的敏感性不同，例如丁苯橡胶和丁腈橡胶等刚性较大的橡胶，对温度的敏感性大，当温度升高时，黏度下降程度较大。而天然橡胶等分子柔性较大的，则对温度敏感程度较小，但对剪切速率敏感性大。因此，可以通过调节温度或调节剪切速率的方法来调节黏度，以便获得良好的流动性。

2.5.1.3　胶料压延后的收缩

　　橡胶是一种黏弹性物质，因此胶料在一定切变速率下流动（塑性变形）时，必然伴随着高弹性变形。因此当胶料离开压延机辊筒缝隙后，外力作用消失，胶料便发生弹性恢复。而这种恢复过程需要一定的时间才能完成，这就导致压延后胶片在停放过程中出现收缩现象（长度缩短，厚度增加）。

　　弹性恢复过程是一种应力松弛过程。因此，为了保证压延半成品尺寸的稳定性，应尽量使胶料的应力松弛在压延过程中迅速完成，以减少胶料在压延后的弹性恢复。而胶料的应力松弛速度主要由生胶种类、分子量、分子量分布、歧化、凝胶、配合剂以及胶料的黏度等决定。此外，胶料在压延加工中的黏弹性行为还与温度及辊筒转速等工艺条件有关。

　　胶料种类不同，收缩率不同。在相同工艺条件下，天然橡胶的收缩率较小，合成橡胶的收缩率较大；活性填料的胶料收缩率较小，非活性填料的胶料收缩率较大；填料含量多的收缩率较小，填料含量少的收缩率较大；胶料黏度低（可塑性大）的收缩率较小，黏度高（可塑性小）的收缩率较大。

　　压延速率不同，收缩率不同。当压延速率较慢时，辊筒压力作用时间长，胶料中橡胶分子松弛充分，因此收缩率小。而当压延速率很快时，胶料中的橡胶分子来不及松弛或松弛不充分，其收缩率增大。

　　压延温度不同，收缩率也不同。当压延温度升高，一方面使胶料黏度下降、流动性增加；另一方面由于橡胶分子热运动加剧，松弛速度也加快，因而胶料压延后收缩率减小。相反，压延温度降低，则胶料压延后的收缩率必然增大。可见，升高温度与延长作用时间（降低速度）对生胶的黏弹行为（松弛收缩）的作用是等效的，都能减小胶料压延后的收缩。

生产中合理制订胶料的配方（如适当降低含胶率，选用高结构炭黑等），选择适宜的压延工艺条件（如降低辊筒线速度或提高辊温等）和压延设备（如采用大直径辊筒或增加辊筒数目）等，都将有助于胶料的应力松弛过程，从而可以得到表面光滑、收缩率小的高质量的压延胶片。

2.5.1.4　压延效应

胶片压延后出现纵横方向物理机械性能的各向异性现象叫压延效应。产生压延效应后，明显地出现顺压延方向胶料的拉伸强度大、扯断伸长率小、收缩率大；而垂直于压延方向胶料的拉伸强度低、扯断伸长率大、收缩率小。

产生压延效应的原因主要是胶料中的橡胶分子和各向异性配合剂粒子，如片状、棒状、针状配合剂等经压延后产生沿压延方向进行取向排列的结果。

压延效应会影响半成品的形状（纵向和横向收缩不一致），给加工带来不便，并使制品强力分布不平衡。应在加工时注意裁断或成型的方向性，如对于需要各向异性的制品（如橡胶丝），应注意顺压延方向裁断，对于不需要各向异性的制品（如球胆），应尽量设法消除压延效应。

压延效应与胶料性质、压延温度及操作工艺有关。当胶料中使用针状或片状等具有各向异性的配合剂（如滑石粉、陶土、碳酸镁等）时，压延效应较大，且难以消除，因此在压延制品中应注意压延效应与胶料性质、压延温度及操作工艺有关。当胶料中使用针状或片状等具有各向异性的配合剂（如滑石粉、陶土、碳酸镁等）时，压延效应较大，且难以消除，因此在压延制品中应尽量避免使用。由橡胶分子链取向产生的压延效应，则是因为橡胶分子链取向后不易恢复到自由状态而引起的，因此，凡能促使胶料应力松弛过程加快的因素均能减少压延效应。生产中提高压延温度或热炼温度、增加胶料可塑性、缩小压延机辊筒的温度差、降低压延速率和速比、将压延胶片保温或进行一定时间的停放、改变续胶方向（胶卷垂直方向供胶）、压延前将胶料通过压出机补充加工等方法均可消除一部分压延效应。但是，个别情况也有需要压延效应的，如橡胶丝要求纵向强度高，用于V形带压缩层的短纤维胶料也希望提高其取向性，从而提高强度。

2.5.2　压延工艺方法及工艺条件

2.5.2.1　压延前的准备工艺

（1）胶料热炼

为了压延的顺利进行及操作方便，获得无气泡、无疙瘩的光滑胶片或胶布

（如胶帘布、胶帆布等），要求压延所用的胶料必须具备一定的热可塑性和均一的质量。这就要求在压延前先将停放一定时间的混炼胶在开炼机上进行翻炼、预热，以达到一定的、均匀的热可塑性。这一工艺过程称为热炼。

压延使用的胶料应具有必要的可塑性，对天然橡胶的各种压延胶料可塑度范围见表2-9。擦胶作业要求胶料有较高的可塑性，以便胶料渗入纺织物组织的空隙中；压片和压型作业的胶料可塑性不能过高，以使胶坯有较好的挺性；贴胶作业的胶料，其可塑性则介于上述二者之间。

表 2-9   各种压延胶料可塑度范围

压延方法	胶料可塑度（威氏）	压延方法	胶料可塑度（威氏）
擦胶	0.45～0.65	压片	0.25～0.35
贴胶	0.35～0.55	压型	0.25～0.35

为使胶料达到良好的热可塑性，热炼常分两步进行。第一步称为粗炼，采用低辊温（40～50℃）、小辊距（2～5mm）薄通7～8次，以进一步提高胶料的可塑性和均匀性。第二步称为细炼或热炼，采用高辊温（60～70℃）、大辊距（7～10mm）过辊6～7次，以便胶料获得热可塑性。

由于氯丁橡胶对温度的敏感性强，因此，氯丁橡胶的热炼条件与普通胶料有所不同。热炼时以压光为主，过辊次数要尽量少，辊温一般控制在45℃以下，一般经粗炼后即可直接供胶，其目的是防止粘辊和焦烧。全氯丁橡胶胶料热炼条件如表2-10所示。

表 2-10   全氯丁橡胶胶料热炼条件

项目	条件
辊距/mm	8±1
过辊次数/次	4
辊温/℃	
前辊	45±5
后辊	40±5

热炼设备通常为ϕ360～550的开炼机，为了使胶料快速升温和软化，热炼机的辊筒速比一般都较大，为1:（1.17～1.28）。热炼机的配置，可以根据压延机的规格和线速度而定，大致见表2-11。

表 2-11   压延热炼机的配置

压延机型号	热炼机	
	规格/mm	台数
三辊 360×1120	360	3
三辊 450×1200	450	2～3
四辊 610×1730	550	3～5

热炼后胶料可通过运输装置连续向压延机供胶，但运输距离不宜太长，以免胶温下降，影响热可塑性。

（2）纺织物的预加工

① 纺织物的烘干　进行挂胶压延的纺织物（包括已浸胶的）在压延前必须烘干，以减少其含水量，避免压延时产生气泡和脱层现象，也有利于提高纺织物温度，压延时易于上胶。纺织物容易在储存过程中吸水，一般棉纤维含水量在7％左右，化学纤维含水量可达 10％～12％；而用于挂胶压延的纺织物含水量在1％～2％时，才能保证足够的附着力。但烘干时一定要注意温度不宜过高，以免造成纺织物变硬发脆，损伤强力。一般可用蒸汽辊筒烘干、红外线干燥及微波干燥，但目前仍以蒸汽辊筒烘干为主。辊筒的温度和牵引速率直接关系到纺织物干燥的效率。一般烘干筒的温度为 110～120℃（锦纶帘布烘干温度较低，为 70℃以下）。牵引速率视纺织物含水率而定。烘干后的纺织物不宜停放，以防在空气中吸水。所以，可直接与压延机组成联动装置。

② 锦纶（尼龙）帘布的热伸张　锦纶帘布的热牵伸、热定型已在化纤厂完成。但在压延过程中，锦纶帘布因烘干和挂胶都要受到热的作用。由于锦纶具有受热收缩的特性，如果受热时不伸张，将导致成品在使用过程中产生较大变形，使用寿命下降。为此，锦纶帘布必须在压延过程中进行热伸张处理，即在热的条件下拉伸，在张力下定型冷却，从而使锦纶分子链重新定向结晶。这样就可以大大提高锦纶帘布的动态疲劳性能，降低延伸率，减少制品变形。生产中，常通过压延机辊筒与干燥辊筒、冷却辊筒的速度差，产生对帘布的帘线拉伸力（张力）使帘布处于伸张状态。张力可保持在 1.5kN 左右。当压延张力达到 9.8～14.7N/根时，压延后的锦纶帘布就基本不收缩了。

③ 纺织物的涂胶　涂胶是将胶浆均匀地涂覆于纺织物表面的工艺过程。适用于帆布和致密性较强的锦纶布或细布、丝绸布类。根据所用设备的不同，涂胶可分为刮涂和辊涂等。

a. 刮涂是利用刮刀将胶浆涂覆于纺织物上。生产中所用的卧式刮刀涂胶机的工作原理见图 2-46。

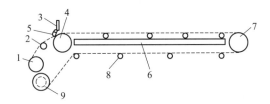

图 2-46　卧式刮刀涂胶机

1—导布装置；2—扩布辊；3—刮刀；4—工作辊；5—胶浆；

6—加热板；7—伸张辊；8—支持辊；9—卷取装置

为了提高涂胶效率，可在涂胶过程中设置多把刮刀进行正反刮涂。例如在全程 40m、线速度为 10m/min 的刮浆机全程中，可以安装三把刮刀，一次完成三涂。操作过程如图 2-47 所示。

b. 辊涂是通过两个辊筒的压合作用使胶浆涂覆于纺织物上。与刮涂的主要区别是用上下并列的辊筒代替刮刀。辊涂操作流程如图 2-48 所示。

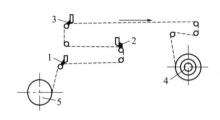

图 2-47　多遍涂胶机的操作过程

1—第一涂；2—第二涂；3—第三涂；

4—卷取辊；5—坯布辊

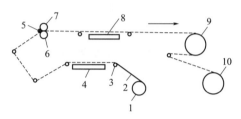

图 2-48　辊涂操作流程

1—坯布辊；2—坯布；3—导辊；4—加热辊；

5—胶浆；6—下辊；7—上辊；8—加热板；

9—冷却鼓；10—卷取装置

辊涂的优点是对纺织物的擦伤和静电生成量都较小，所得涂层比刮涂厚。涂胶后要进行干燥，以将胶浆（或胶乳）中的溶剂（或水分）挥发掉。同时，通过加热干燥使涂胶层呈半硫化状态，这样在卷取或第二次涂胶时，不易造成表面损伤，并可防止胶布相粘或被导辊磨损。干燥装置通常有热板、排管、转鼓、红外线加热等几种。热板式或转鼓式干燥所采用的温度条件如表 2-12 所示。

表 2-12　热板式或转鼓式干燥温度条件

干燥形式	干燥温度/℃
热板式干燥	70～80
转鼓式干燥	100～110

涂胶工艺所用的胶浆一般是将可塑度 0.5～0.6（威氏）、配有一定量增黏剂（如松香、古马隆树脂等）的胶料与恰当的溶剂按一定比例配制而成。通常胶与溶剂的配比是：浆状，1∶3；膏状，1∶(0.8～1)；稀液状，1∶6。

涂胶时由于要使用大量溶剂，而在贴合之前又必须将溶剂挥发掉，必然造成溶剂的浪费以及不慎引起的火灾。因此，在大批量生产中已将涂胶工艺淘汰，改为直接擦胶或贴胶。只有在个别工艺中，如当纺织物为化纤或人造丝时，仍采用涂胶工艺。

2.5.2.2　胶片的压延

（1）压片

压片是将热炼好的胶料用压延机辊筒等速压制成一定规格的胶片。胶片应表面光滑、无气泡、不皱缩、厚度一致。

① 工艺方法　开炼机虽可以压片，但其厚薄精度低，而且在胶片中常存有气泡。因此，对要求较高的胶片都要用压延机制造，不仅可保证质量，而且效率也较高。压片通常是在三辊压延机上进行，即上、中辊间供胶，中、下辊出胶片，如图 2-49 所示。压片工艺方法可分为中、下辊间积胶和无积胶两种方法。天然橡胶压片时，中、下辊间不能有积胶，否则会增大压延效应。而收缩性较大的合成橡胶（如丁苯橡胶），有积胶时可使胶片气泡少、致密性好。但积胶不能过多，否则会带入气泡。

对于规格要求很高的半成品，可采用四辊压延机压片。比三辊压延机压片多通过一次辊距，压延时间增加，松弛时间较长，收缩则相应减小，从而使胶片厚薄的精度和均匀性提高，其工艺如图 2-50 所示。

(a) 中下辊不积胶　(b) 中下辊有积胶

图 2-49　三辊压延机压片工艺　　　　　　　　图 2-50　四辊压延机压片工艺

② 工艺要点　压片工艺条件的正确选取，对获得优良的胶片质量非常重要。在正确选择胶料配方的基础上，应控制辊温、辊速和胶料的可塑性。

控制压延机辊温是保证压片质量的关键。适当控制各辊之间的温度差才能使胶片沿辊筒之间顺利通过。而辊温决定于胶料的性质，通常含胶率高的或弹性大的胶料，辊温应高些；含胶率低的或弹性小的胶料，辊温应低些。常用橡胶的压片温度见表 2-13。为了排除胶料中的气体，在保证适量积胶的同时，降低辊温效果会更加明显。

表 2-13　常用橡胶的压片温度

胶料种类	上辊筒温度/℃	中辊筒温度/℃	下辊筒温度/℃
天然橡胶胶料			
含胶率 85%	95	90	15
含胶率 60%	75	70	15
含胶率 30%	60	55	15
丁苯橡胶胶料	50～60	45～70	35
顺丁橡胶胶料	50	45	35
通用氯丁橡胶胶料			
弹性态(压片精度要求不高)	50	45	35
塑性态(压片精度要求较高)	90～120	65～100	25 或 90～120
丁腈橡胶胶料	70	60	50 以下
丁基橡胶胶料	90～110	70～80	80～105
三元乙丙橡胶胶料	90～110	90	90～120

　　辊速应根据胶料的可塑性来决定。可塑性大的胶料，辊速可快些；可塑性小的胶料，辊速应慢些。但辊速不宜太慢，否则影响生产能力。

　　辊筒之间有一定的速比，有助于排除气泡，但对所出胶片的光滑度不利。通常三辊压延机压片时，上、中辊供胶处有速比，以排除气泡，而中、下辊等速，以便压出具有光滑表面的胶片。

　　胶料的可塑度大，容易得到光滑的胶片。但可塑度太大时，容易产生粘辊。可塑度小，则压片表面不光滑，收缩率大。因此，为便于压片操作，胶料可塑度须保持在 0.3~0.35。

　　此外，压片时，供胶要连续、均匀进行，积胶量不能时多时少，否则会引起厚薄不均。为了消除胶片气泡可安装划泡装置。为了防止胶片自硫或使收缩一致，应对胶片采取相应的冷却措施。

　　（2）压型

　　压型是将热炼后的胶料通过压延机制成表面有花纹并有一定断面形状的胶片，如制备胶鞋大底、力车胎胎面胶及胎侧半成品等。压型后所得半成品要求花纹清晰、规格尺寸准确且无气泡。压型时，可用二辊、三辊、四辊、七辊压延机，只是胶片压型时经过的最后一个辊筒是刻有花纹的有型辊筒。压型的工艺过程如图 2-51 所示。

　　压型的工艺要点与压片大体相同。但为了获得高质量的压型半成品，对胶料配方和工艺条件都有严格的要求。配方中主要应控制含胶率。因为橡胶具有弹性复原性，含胶率高压型后半成品花纹容易消失，因此配方中应适量加入补强填充剂和软化剂。在配方中加入再生胶和油膏能增加胶料挺性，有效防止半成品花纹扁塌。压型时要求胶料具有恒定的可塑性，为此必须严格控制塑炼胶的可塑度、胶料的热炼程度以及返回胶的掺用比例（一般掺用 10%~20%）。压延操作可采用较高辊温、降低辊速等方法，以提高压型半成品的质量。

　　压型半成品一般较厚，冷却速度难以一致，可采用急速冷却方法，使花纹快速定型，防止扁塌变形，保证外观质量。

　　（3）贴合

　　贴合是利用压延机将两层薄胶片贴合成一层胶片的工艺过程，通常用于制造较厚但质量要求较高的胶片以及由两种不同胶料组成的胶片、夹布层胶片等。

　　根据所用设备不同，贴合工艺方法可分为二辊、三辊、四辊压延机贴合三种，二辊压延机贴合是用普通等速二辊炼胶机进行，其贴合厚度较大，可达 5mm，操作简便，但精度较差。三辊压延机贴合可将预先出好的胶片或胶布与新压延出来的胶片进行贴合，其工艺过程如图 2-52(a) 所示。四辊压延机贴合可同时压延出两块胶片进行贴合，效率高，质量好，规格也较精确，但压延效应较大。其工艺过程如图 2-52(b) 所示。

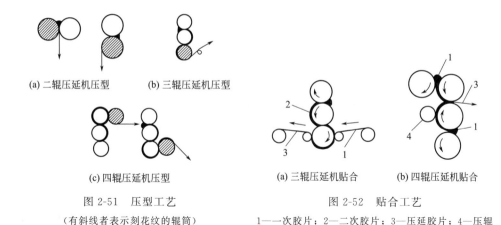

(a) 二辊压延机压型   (b) 三辊压延机压型

(c) 四辊压延机压型

图 2-51 压型工艺

(有斜线者表示刻花纹的辊筒)

(a) 三辊压延机贴合   (b) 四辊压延机贴合

图 2-52 贴合工艺

1——一次胶片；2—二次胶片；3—压延胶片；4—压辊

为保证贴合工艺效果，要求各胶片要有一致的可塑度，否则会导致脱层、起皱等现象。当配方和厚度都不同的两层胶片贴合时，最好采用"同时贴合法"，即将从压延机出来的两块新鲜胶片进行热贴合，这样可使贴合半成品密着、无气泡，胶片不易起皱。

2.5.2.3 纺织物挂胶

纺织物挂胶是使纺织物通过压延机辊筒缝隙，使其表面挂上一层薄胶，制成挂胶帘布或挂胶帆布，作为橡胶制品的骨架层。

纺织物挂胶的目的是：隔离织物，避免相互摩擦受损；增加成型黏性，使织物之间互相紧密地结合成一整体，共同承担外力的作用；增加织物的弹性、防水性，以保证制品具有良好的使用性能。

对纺织物挂胶的要求是：胶料要填满织物空隙，并渗入织物组织且有足够深度，使胶与布之间有较高的附着力；胶层应厚薄一致，不起皱、不缺胶；胶层不得有焦烧现象。

挂胶方法有两种：一是贴胶（或压力贴胶），轮胎、力车胎所用帘布通常采用贴胶（或压力贴胶）的方法挂胶；二是擦胶，轮胎、胶管、胶带等所用的帆布（或细布）通常采用擦胶的方法挂胶。

（1）贴胶

贴胶是利用压延机上的两个等速辊筒的压力，将一定厚度的胶料贴合于纺织物（主要用于密度较稀的帘布，也可以包括白坯布或已浸胶、涂胶或擦胶的胶布）上的工艺过程。

① 贴胶工艺方法 根据纺织物材料的特点及制品性能要求，贴胶又分贴胶和压力贴胶两种工艺方法。

a. 贴胶适用于密度较稀的帘布挂胶。可用三辊压延机进行一次单面贴胶或四辊压延机进行一次双面贴胶，工艺过程见图 2-53。也可采用两台三辊压延机连续进行双面贴胶，见图 2-54。

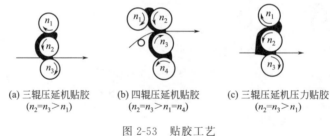

(a) 三辊压延机贴胶　　　(b) 四辊压延机贴胶　　　(c) 三辊压延机压力贴胶
$(n_2=n_3>n_1)$　　　　$(n_2=n_3>n_1=n_4)$　　　　$(n_2=n_3>n_1)$

图 2-53　贴胶工艺

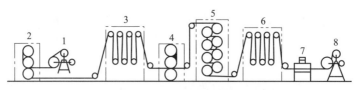

图 2-54　两台三辊压延机双面贴胶

1—坯布送布架；2—三辊压延机（第一面贴胶）；3—储存器及翻布装置；

4—三辊压延机（第二面贴胶）；5—冷却架；6—储布器；

7—称量台；8—双面胶布卷取架

贴胶时，胶片通过压延机辊筒缝隙后全部贴合于纺织物表面上。进行贴胶的两个辊筒转速（n）相同，供胶的两个辊筒转速（n）可以相同，也可不同。供胶辊筒有速比时，有利于消除气泡，特别适用于高含胶率胶料及合成橡胶胶料。

贴胶法的特点是操作较易控制，生产效率较高，帘布受伸张较小，对纺织物的损伤小，耐疲劳强度较高。但胶料不能很好地渗入布缝中，胶与布的附着力较低，且两面胶层之间易形成空隙而使胶布产生气泡或剥皮露线。

b. 压力贴胶主要用于密度较大的帘布挂胶，也可用于细布、帆布挂胶。它和一般贴胶的区别是布与中辊之间存在积胶，如图 2-53(c) 所示。可利用积胶的压力将胶料挤压到布缝中去。

压力贴胶法的特点是能够使胶料渗透到布缝中，从而使胶与布的附着力提高，特别是对未浸胶的棉帘布有很好的效果；在不损伤帘线时，帘布的耐疲劳性能较贴胶有所提高；能改善双面贴胶易剥皮的毛病，是贴胶法的一种改进。但缺点是帘线受到张力较大，且不均匀，以致性能受到损害；布层表面的胶层较薄；操作控制不当时，易产生劈缝、落股、压偏等毛病。

实际生产中，为取得"工艺互补"之效，压力贴胶较多地与贴胶或擦胶结合使用。例如力车胎所用胶帘布广泛采用一面贴胶，另一面压力贴胶的工艺方法。

图 2-55 为轮胎用胶帘布采用四辊压延机贴胶联动装置。

贴胶作业是保证贴胶半成品质量的关键。其操作程序为：贴胶正式开始前，

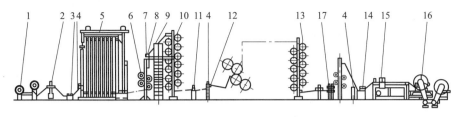

图 2-55　XY-4S-1800 四辊压延机贴胶联动装置

1—导开装置；2—硫化接头机；3—小牵引机；4,8—定中心装置；5—储布装置；6—四辊牵引机；
7—储布装置油路系统；9—梯子；10—十二辊干燥机；11—张力架；12—定中心装置支持架；
13—冷却辊；14—小张力架；15—切割装置；16—卷取装置；17—测厚装置

先开车试运行，将压延机辊筒预热至规定温度范围，检查润滑系统是否正常，加入胶料，调整辊距，直至胶片的厚度、宽度和光泽度都符合要求；再填入帘布头，待一切正常，将压延机速度提高到预定水平进行正常贴胶作业。在贴胶过程中要时刻注意续胶量的均匀一致。

②贴胶工艺条件　胶料的可塑性和温度、压延的辊温、辊速都是影响贴胶工艺的重要因素，天然橡胶帘布贴胶工艺条件如表 2-14 所示。

表 2-14　天然橡胶帘布贴胶工艺条件

压延机类型	四辊 Γ 形（或倒 L 形）	三辊
压延方式	两面贴胶	一面擦胶
纺织材料	帘布	帆布
旁辊温度/℃	100～105	—
上辊温度/℃	105～110	100～105
中辊温度/℃	105～110	105～110
下辊温度/℃	100～105	65～70
辊筒速比	$V_1:V_2:V_3:V_4=1:1.4:1.4:1$	$V_1:V_2:V_3=1:1.4:1$
压延速率/(m/min)	≤35	≤50

为使贴胶工艺顺利进行，胶料必须有适宜的可塑度，以保证贴胶所需的良好流动性和渗透性，从而使贴胶半成品表面光滑，收缩率小，并使胶与布有较高的附着力。但可塑度过高，则使硫化胶的强伸性能下降。天然橡胶胶料适宜的可塑度（威氏）为 0.40～0.50。

为使贴胶时胶料具有较高的、稳定的热可塑性，热炼后的胶料温度应比压延温度低 5～15℃为好。

压延机的辊筒温度主要决定于胶料的配方。天然橡胶胶料贴胶时以 100～105℃为好，因其易包热辊，所以上、中辊温应高于旁辊和下辊温 5～10℃；丁苯橡胶胶料则以 70℃为好，因其易包冷辊，上、中辊温应低 5～10℃。含胶率高的、弹性大的、补强剂用量多的、可塑性较小的胶料，辊温应高些；反之，辊温可低些。但辊温不可过高，否则易引起胶料焦烧。

　　压延机辊速快，贴胶速度就快。较高辊速虽可提高生产效率，但相应要求提高辊筒温度，否则会导致贴胶半成品厚度大、表面不光滑、收缩率大、附着力下降。辊筒速度主要决定于胶料的可塑性。可塑性大，速度可快些；可塑性小，速度需慢些。对含胶率高、弹性大、补强剂用量多、可塑性小的胶料不仅要求有较高的辊筒温度，相应地还要求较慢的辊筒速度。目前生产中轮胎帘布贴胶速度一般为 25～35m/min；工业制品贴胶速度一般为 20～40m/min；胶带贴胶速度一般为 5～10m/min。

　　（2）擦胶

　　擦胶是利用压延机两个有速比的辊筒，将胶料挤擦入纺织物组织的缝隙中的工艺过程。擦胶法挂胶的特点是增加胶料与纺织物的附着力，但也存在对织物损伤程度大的缺陷。因此生产中主要用于轮胎、胶管、胶带等制品所用帆布或细布的挂胶。

　　① 擦胶工艺方法　　通常，采用三辊压延机进行单面擦胶，上、中辊供胶，中、下辊擦胶。擦胶工艺方法有中辊包胶和中辊不包胶两种。

　　中辊包胶法（又称薄擦或包擦法），是当纺织物进入中、下辊筒缝隙时，部分胶料被擦入纺织物中，余胶仍包在中辊上（包辊胶厚度细布为 1.5～2.0mm，帆布为 2.0～3.0mm），如图 2-56(a) 所示。此法上胶量小，成品耐屈挠性较差；挤压力小，胶料渗入布层较浅，附着力较低。

　　中辊不包胶法（又称厚擦或光擦法），是当纺织物通过中、下辊缝隙时，胶料全部擦入纺织物中，中辊不再包胶，如图 2-56(b) 所示。此法所得胶层较厚，可提高成品耐屈挠性能，表面光滑，且挤压力大，附着力较高，但用胶量较多。

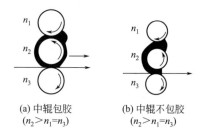

(a) 中辊包胶　　　　　　(b) 中辊不包胶
$(n_2 > n_1 = n_3)$　　　　$(n_2 > n_1 = n_3)$

图 2-56　擦胶工艺

　　三辊压延机单面厚擦工艺流程如图 2-57 所示。两台三辊压延机一次进行两面擦胶简图如图 2-58 所示。

　　② 擦胶工艺条件　　为保证胶料对纺织物的充分渗透，擦胶工艺对胶料可塑性要求较高，生产中需根据具体胶种及制品类型合理确定，如表 2-15、表 2-16 所示。此外胶料可塑性还需根据具体擦胶作业而定，如采用中辊包胶法，天然橡胶胶料可塑度（威氏）不应低于 0.6。

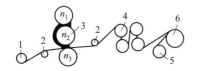

图 2-57 三辊压延机单面厚擦工艺流程

1—干布料；2—导辊；3—三辊压延机；

4—烘干加热辊；5—垫布卷；6—擦胶布卷

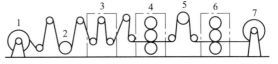

图 2-58 两台三辊压延机一次进行两面擦胶简图

1—坯布卷；2—打毛；3—干燥辊；

4,6—压延机；5—反布辊；7—胶布卷

表 2-15 几种擦胶胶料适宜的可塑度

胶种	可塑度（威氏）	胶种	可塑度（威氏）
天然橡胶胶料	0.45～0.60	氯丁橡胶胶料	0.45～0.50
丁腈橡胶胶料	0.50～0.65	丁基橡胶胶料	0.45～0.50

表 2-16 不同制品各部位擦胶用天然橡胶胶料可塑度

制品或部件	三角带包布	三角带芯层帘布	传动带	轮胎包布
可塑度（威氏）	0.48～0.53	0.40～0.45	0.55～0.60	0.55～0.60

擦胶温度主要取决于生胶种类。对于天然橡胶压延机辊温控制的原则是：中辊不包胶法为上辊温＞中辊温＞下辊温；中辊包胶法则应为上辊温＞下辊温＞中辊温。包胶的中辊温度最低，是为了防止胶料发生焦烧。几种橡胶的擦胶温度见表 2-17。

表 2-17 几种橡胶擦胶温度

胶种	上辊温度/℃	中辊温度/℃	下辊温度/℃
天然橡胶	80～110	75～100	60～70
丁腈橡胶	85	70	50～60
氯丁橡胶			
弹性态	50	50	30
塑性态	120～125	90	65
丁基橡胶	85～105	75～95	90～115

擦胶所用三辊压延机的辊筒速比一般在 1：(1.3～1.5)：1 的范围内变化。速比越大，搓擦力越大，胶料的渗透性越好，但对织物的损伤也越大。因此，应根据织物品种不同选择适宜的速比。

擦胶速度应选择适宜。速度太快，纺织物和胶料在辊筒缝隙间停留时间短，受力时间短，影响胶与布的附着力，合成纤维尤为明显。速度太慢，生产效率低。因此生产中薄布擦胶速度一般掌握为 5～25m/min；厚帆布擦胶速度为 15～35m/min。

2.5.2.4 常用橡胶的压延特性

压延的工艺效果与生胶品质有着密切关系。合成橡胶的压延与天然橡胶有很大区别，其压延操作较天然橡胶困难。为此，生产中应根据各种橡胶的结构特点所决定的压延特性，合理确定胶料配方和压延方法，严格控制压延工艺条件，获得较高质量的压延半成品，提高压延效率。

（1）天然橡胶

天然橡胶由于分子链柔性好，分子量分布宽，易于获得所需可塑性，因此易于压延。表现为压延时对温度的敏感性小，压延后半成品收缩率小，表面光滑，尺寸稳定性好，并且与纺织物的黏着性良好。天然橡胶因易包附热辊，所以压延操作时应控制各辊筒温差，使压延作业能顺利进行。

由于天然橡胶压延效果好，故可在高温、快速条件下进行压延，从而获得较高的压延效率。

（2）丁苯橡胶

丁苯橡胶由于分子量分布较窄，分子链柔性较差，内聚力较大，因此压延后半成品的收缩率大，表面粗糙，气泡多且较难排除。其中，低温聚合丁苯橡胶的压延效果较优于高温聚合丁苯橡胶，充油丁苯橡胶的压延效果又优于普通丁苯橡胶。

在丁苯橡胶压延作业中应做到充分热炼，多次薄通；压延温度低于天然橡胶（一般低 5～10℃）；压延速率也低于天然橡胶（一般低 5m/min 左右）。由于丁苯橡胶易包附冷辊，故各辊筒温度应由高到低。又由于温度变化对丁苯橡胶的黏度影响较明显，故三个辊筒的温差都不应大于 5℃。

此外，在压延胶料配方中增加软化剂、填充剂用量或掺入少量天然橡胶及再生胶等，均可改善压延效果，减少收缩率。压延后的半成品做到充分冷却及停放，这对半成品尺寸稳定也十分有利的。

（3）顺丁橡胶

顺丁橡胶由于分子链柔性好，但分子量分布窄，所以压延操作采取低辊温、小温差、快速作业效果较好。顺丁橡胶压延的胶片较丁苯橡胶光滑、致密和柔软，但因自粘性差、收缩率较大，因此常与天然橡胶并用。

（4）氯丁橡胶

氯丁橡胶因具有极性和结晶性，内聚力大，因此压延时，具有半成品收缩率大（收缩率为 30%～50%，而天然橡胶仅为 5%～10%），对温度敏感性大，易粘辊、易焦烧等特性。硫黄调节型氯丁橡胶在 71℃ 以下为弹性态，容易包辊，压延较容易，且不易裹进空气，但不易获得厚度准确、表面光滑的胶片；温度在 71～93℃ 时，呈粒状，此时粘辊严重而不易加工；当温度在 93℃ 以上时，转变为塑性态，胶料弹性消失，几乎没有收缩性，此时压延效果最好，但易出现焦烧现象。

生产中，如果压延精度要求不高，从加工方便考虑，采用低温压延。反之，如果压延半成品规格要求很高，则采用高温压延。

为了防止焦烧，供压延用的胶料，热炼要尽量快，不宜包在辊筒上长时间加热；续胶量应尽可能少，并保持一定温度；热炼返回胶不应掺用过量（小于20%）。

为了防止粘辊，可掺用5%～10%的天然橡胶或20%左右的油膏，也可掺用少量顺丁橡胶。

（5）丁腈橡胶

丁腈橡胶因极性大、分子量分布窄，所以压延操作十分困难。主要表现为，压延后半成品收缩率比丁苯橡胶更大，表面粗糙。并且丁腈橡胶胶料的黏性小，也易包冷辊。因此丁腈橡胶压延前的热炼工艺宜在辊温较高、容量小、时间稍长的条件下进行，以确保压延操作的顺利进行。压延时中辊温度应低于上辊，下辊温度稍低于中辊，温差要小。丁腈橡胶用于压延胶料的配方，应配用较多（占生胶用量50%以上）的软质炭黑或活性碳酸钙等，还需配用较多的增塑剂（一般为15～30份），以改善压延后半成品的收缩性，增加半成品表面的光滑程度。

（6）丁基橡胶

丁基橡胶由于结构紧密、气密性好，分子内聚力又低，所以压延时存在排气困难、胶片内易出现针孔、表面不光滑、收缩率较大以及胶片表面易产生裂纹等缺陷。而且，丁基橡胶有包冷辊的特性，因此，包胶辊筒的温度应低些。为消除气泡、便于压延和降低收缩率，上、下辊温都应比其他橡胶高。

丁基橡胶如采用酚醛树脂硫化体系时，压延更为困难，易粘辊且腐蚀辊筒表面。配用高速机油、古马隆树脂及高耐磨炉黑、快压出炉黑等则可以改善压延效果。为了消除气泡，可提高热炼温度。由于胶料容易黏结，故压片后需充分冷却，并在两面涂隔离剂。

（7）乙丙橡胶

三元乙丙橡胶分子链的柔顺性与天然橡胶接近，但分子量分布较窄，自粘性极差，并有包冷辊的特点。因此，要获得收缩率较小、表面光滑的压延半成品，必须在胶料配方中选择使用门尼黏度值低的品种，进行高填充配合，适当选用增黏剂；压延时可掌握比天然橡胶慢些的压延速率以及与天然橡胶接近的压延温度，但中辊温度要低些，下辊温度可稍高于上辊温度，以便顺利包辊压延，并排除气泡。若压延温度过低，不仅容易产生气泡，而且压延物也不平整，收缩率增大。

2.5.3　压延工艺的质量问题及改进

压延作业（尤其是纺织物挂胶）是一项很精细、复杂的工艺过程。由于压延速率很快，只要操作掌握不好就会产生大量残次品，直接影响产品的成本和质量。所以，必须严格执行工艺规程，精工细作，及时处理出现的质量问题。表2-18 为压延过程中常出现的质量问题及改进措施。

表 2-18　压延过程中常出现的质量问题及改进措施

质量问题	产生原因	改进措施
针孔、气泡	1. 胶温、辊温过高或过低（过低指丁基、三元乙丙橡胶而言） 2. 配合剂含水太多 3. 供胶卷过松、窝藏空气 4. 压延积胶量过多	1.严格控制胶温、辊温 2.对吸水配合剂进行干燥处理 3.采用胶片供胶 4.按工艺要求调节积胶量
杂质、色斑、污点	1. 原材料不纯 2. 设备打扫不干净	1. 加强原材料质量管理 2. 清理设备
厚度、宽度规格不符合要求	1.热炼温度波动或热炼不充分 2. 压延温度波动 3. 胶料可塑度不一致 4. 卷取松紧不一致 5. 辊距未调准 6. 压延机振动或轴承不良 7. 压延积胶调节不当 8. 压延线速度不一致	1. 改进热炼条件 2. 控制好辊温 3. 加强胶料可塑度控制,固定返回胶掺用比例 4. 调整卷取机构 5. 调节辊距,力求恒定 6. 改进设备防震性能 7. 调节好压延积胶量 8. 以微调为主,保持线速度一致
表面粗糙	1. 热炼不足,辊温过低 2. 热炼不均 3. 胶料自硫	1.改进热炼,控制好辊温 2.改进热炼,控制好辊 3.降低热炼温度及压延机辊温
胶帘布喷霜	1. 胶料混炼不良 2. 胶帘布储存温度偏低 3. 胶帘布停放时间过长	1. 检查、提高混炼胶质量 2. 冬季应确保储存室温度 3. 冬季减少储存准备定额
两边不齐	挡胶板不适当或割胶刀未掌握好	调换挡胶板,调好割胶刀
胶料与纺织物附着不好,掉皮	1. 纺织物未干燥好 2. 纺织物温度太低 3. 加料热炼不足,可塑度太低或压延温度太低 4. 纺织物表面有油污或粉尘 5. 辊距过大,使胶料渗入纺织物的压力不足 6. 配方设计不合理	1. 控制纺织物含水率在2%以下 2. 加强纺织物预热 3. 加强热炼,提高压延温度 4. 纺织物表面清理干净 5. 调小辊距 6. 修改配方,使用增黏性软化剂,降低胶料黏度
胶帘布跳线弯曲	1. 纬线松紧不一 2. 胶料软硬不一 3. 中辊积胶太多,局部受力过大 4. 布卷过松	1. 控制帘线张力,使其均匀 2. 控制胶料可塑度,热炼均匀 3. 减少中辊积胶,使积胶均匀 4. 做到均匀卷取
胶帘布出兜	1. 中辊积胶过多,帘布中心受力较大 2. 中辊积胶宽度小于帘布宽度,帘布中部受力过大 3. 下辊温度过高,使胶面黏附下辊力量较大 4. 纺织物干燥不充分	1. 控制好积胶量 2. 控制好积胶量 3. 降低辊温 4. 纺织物进行充分干燥

续表

质量问题	产生原因	改进措施
胶帘布压坏	1. 操作配合不好,两边递布速度不一 2. 辊筒积胶量过多 3. 胶料可塑度偏低 4. 胶料中有杂质、熟胶疙瘩 5. 压延张力不均	1. 递布要平稳一致 2. 调整积胶量 3. 强化热炼工艺 4. 控制胶料质量 5. 调节好张力

3

挤出机及挤出工艺

3.1　挤出机发展简介

　　长期以来，挤出机已是橡胶工业的一种基本设备。从最初的简单的柱塞式挤出机的应用，发展到今天普遍推广的销钉冷喂料挤出机，其间经历了螺杆型热喂料挤出机、普通冷喂料挤出机、主副螺纹冷喂料挤出机、冷喂料排气挤出机。

　　柱塞式挤出机可较好地用于挤出长度较短的制品，而螺杆型则适用于连续的型件。过去很长一段时间对挤出机的设计改变很少，但是劳动力、物料，尤其是能源等费用的上涨，结束了挤出机技术与设备的长期停顿状况，现在挤出机已是橡胶加工过程中一种多用途的先进设备，而且已经远远超出对型件及各种部件的挤出。

　　在19世纪80年代出现了橡胶热喂料挤出机，由于其结构简单、生产效率高、制造容易以及能够连续化作业等独特的优点，使得热喂料挤出机在橡胶工业中获得广泛的应用，并成为橡胶工业的重要设备。但是，由于热喂料挤出机需一整套庞大的预热供胶系统，不但使工艺过程复杂化，而且在占地面积、电能的消耗、劳动力的浪费等都有不可克服的缺点。特别是热喂料挤出机螺杆长径比很短，很难建立起机头压力，导致挤出半成品质地疏松，直接影响橡胶成品的质量。为了克服热喂料挤出机存在的问题，德国在20世纪40年代初期发明了橡胶冷喂料挤出机，这种挤出机是在原有的热喂料挤出机基础上加大螺杆的长径比，使挤出机机外的胶料热炼供胶功能变成挤出机机内的热炼功能。因而，可以取消热喂料挤出机所需庞大的热炼供胶系统，同时也提高了挤出机的机头压力，使挤出半成品质地致密，提高了制品的质量。然而，早期的冷喂料挤出机其螺杆构型比较简单，一般是等深不等距或等距不等深的普通螺杆。这种类型的螺杆主要是起输送作用，其剪切、混合功能较差；加之当时疏忽了冷喂料挤出机各区段恒温加热的重要性，导致挤出胶料塑化达不到要求。因此，这种普通型冷喂料挤出机在橡胶工业迟迟得不到推广，其用途也只局限在电缆电线的覆胶上。

经过 20 多年的发展，在 20 世纪 60 年代初期工业化国家出现了主副螺纹强力剪切螺杆，也相应出现了主副螺纹冷喂料挤出机。这类冷喂料挤出机的出现，使挤出机的剪切功能和混合功能得到显著提高，同时能建立起更高的机头压力，这就突破了冷喂料挤出机一直没有解决的塑化能力问题。这时期冷喂料挤出机开始得到较迅速的发展。也几乎在同一个时期，随着某些制品在加工过程中需要除去原料中的气体、水分或各种易挥发物，使得先前使用的挤出机的用途受到限制，这时工业化国家推出了冷喂料排气挤出机，这类挤出机能有效解除物料中所含的水分、溶剂，从而提高成型产品的光洁度，减少各种缺陷，而更好地提高产品质量。在 20 世纪 70 年代末期至 80 年代初期，工业化国家又推出了销钉机筒冷喂料挤出机，由于这种挤出机具有高塑化能力和高生产效率，当它一出现时就得到橡胶工业的积极响应，在几年之间就得到了普遍推广，发展十分迅速。与此同时，与其相匹配的挤出联动线也得到异常迅速的发展，如复合胎面挤出联动线等。还有其配套的附属装置，如：热水循环温控装置、机头测压装置，以及喂料供胶装置等也得到迅速发展。这是冷喂料挤出机发展的一个辉煌时期。

挤出成型是橡胶成型加工的重要成型方法之一。与其他成型方法相比，挤出成型有下述特点：生产过程是连续的，因而生产效率高；应用范围广，能挤出各种胎面、内胎、胶管、胶条、中空制品及异型橡胶制品等；投资少，收效快。用挤出成型生产的橡胶制品广泛应用于农业、建筑业、石油化工、机械工业、汽车工业及国防等工业。

挤出成型主要是在挤出机上进行，为使成型过程得以进行，一台挤出成型装置一般由下列各部分组成。

① 挤压系统　主要由机筒和螺杆组成，胶料通过挤压系统而塑化成均匀的黏流体，并在这一过程中所建立的压力下，被螺杆连续地定压、定量、定温地挤出机头。

② 传动系统　它的作用是给螺杆提供所需的扭矩和转速。

③ 加热冷却系统　其功用是通过对料筒、螺杆和机头等进行加热和冷却，保证挤出成型过程在工艺要求的温度范围内完成。

④ 机头　它是制品成型的主要部件，通过挤压系统的胶料再通过它来获得一定的几何形状和尺寸。

⑤ 定型装置　它的作用是将从机头中挤出的半成品形状定型稳定，并对其进行精整，从而得到更为精确的截面形状、尺寸和光亮的表面。通常采用冷却和加压的方法达到这一目的。

⑥ 冷却装置　由定型装置出来的半成品在此得到充分的冷却，获得最终的形状和尺寸。

⑦ 牵引装置　其作用为均匀地牵引半成品，并对半成品的截面尺寸进行控制，使挤压过程稳定地进行。

⑧ 切割装置　其作用是将连续挤出的半成品切成一定的长度或宽度。

⑨ 卷取装置　其作用是将半成品卷绕成卷。

一般将挤压系统、传动系统、加热冷却系统和机头组成的部分称为主机，即挤出机。其他部分称为辅机，根据制品的不同，辅机可由不同部分组成。

⑩ 挤出机的控制系统是由各种电器、仪表和执行机构组成。根据自动化水平的高低，可控制挤出机的主机、辅机和其他各种执行机构，按所需的功率、速度和轨迹运行，以及检测、控制主辅机的温度、压力、流量，最终实现对整个挤出机组的自动控制和对产品质量的控制。

3.2　挤出机的分类

挤出机的分类：随着挤出机用途的增加，出现了各种类型的挤出机，其分类方法不同。如按螺杆数目的多少可分为单螺杆挤出机和双螺杆挤出机；按可否排气可分为排气挤出机和非排气挤出机；按螺杆在空间的位置可分为卧式挤出机和立式挤出机；按工艺条件可分为热喂料挤出机和冷喂料挤出机；按用途可分为塑炼挤出机、混炼挤出机、滤胶挤出机、压型挤出机等多种类型。本书主要介绍用于挤出成型的螺杆挤出机（压型挤出机）。

压型挤出机的分类如表 3-1 所示。

表 3-1　压型挤出机的分类

挤出机规格表示方法：

① 热喂料挤出机规格表示为 XJ-150。其中，XJ 表示热喂料挤出机；150 表示挤出机螺杆直径。

② 冷喂料挤出机规格表示为 XJW-120。其中，XJW 表示冷喂料挤出机；120 表示挤出机螺杆直径。

③ 排气冷喂料挤出机规格表示为 XJWP-75。其中，XJWP 表示排气冷喂料

挤出机；75 表示挤出机螺杆直径。

④ 滤胶挤出机规格表示为：XJL-150。其中，XJL 表示滤胶机；150 表示螺杆直径。

3.3　挤出机的基本结构与特点

3.3.1　结构与特点

挤出成型机组通常是由挤出机主机、辅机及控制系统组成。主机包括挤压系统（包括机头）、传动系统、加热冷却系统及电气控制系统等。挤压系统主要由螺杆和机筒组成；传动系统用于驱动螺杆，保证螺杆工作时的扭矩和转速；加热冷却系统用于控制操作过程的温度；机头口型用于制品的成型。辅机包括完成工艺过程需要的各种机器，如牵引装置、冷却装置、切割装置、卷取装置及称量装置等。控制系统主要由电器、仪表及执行机构等组成。图 3-1 为橡胶螺杆挤出机结构。

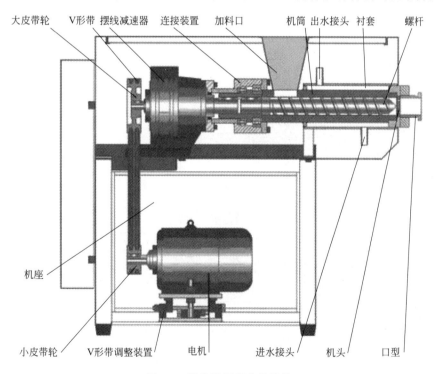

图 3-1　橡胶螺杆挤出机结构

由图 3-1 可见，挤压系统由机头、机筒（或称机身）和螺杆组成。挤压系统的作用是输送、挤压、塑化胶料，并获得所需形状的半成品。传动部分由减速器、皮带轮和电机组成，传动部分是用以传递动力使螺杆转动，以完成挤压操作。加热冷却部分由管路和分配器组成，它是用于控制生产中的温度，保证挤出产品的质量。电气控制系统（图中未标示）由电气仪表和元件等组成，用以控制电机的运行情况及工艺操作条件。此外，还有润滑部分、温度测量及控制部分等。由图 3-1 可见，机头用螺栓固定在机筒的前端，而机筒的后端与减速器相连，减速器安装在机座上，电机通过皮带轮与减速器相连。挤出机的主要工作部件是螺杆和机筒，螺杆由三个轴承支撑而悬空在机筒内，其尾部与装有大齿轮的空心轴相连，通过减速器中的传动齿轮，由电机带动旋转。机筒的后部开有加料口，并装有喂料辊，可进行强制喂料。

为了使机筒和机头加热（或冷却），设有水汽衬套（或夹套），经过分配器使蒸汽（或冷水）送入水汽套内。为了使螺杆进行冷却（或加热），可沿螺杆尾部导管通入冷却水（或蒸汽）。

热喂料挤出机的特点是：螺杆的长径比较小，螺纹沟槽的深度较大。胶料在热炼机上预热到 60～80℃，切条后，经输送带输送到挤出机喂料口。由于胶料在热炼机上热炼程度不同，胶料的可塑度不够稳定，影响挤出的半成品质量。

图 3-2 所示为 ϕ85 热喂料挤出机。电机与减速机均装在机体内，占地面积小，由双速电机经减速机驱动螺杆转动，可进行机械有级调速。它广泛地用于胶管的挤出成型。

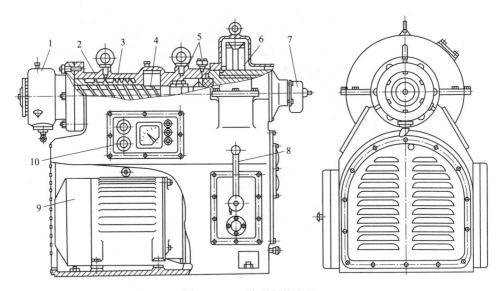

图 3-2　ϕ85 热喂料挤出机

1—机头；2—机筒；3—衬套；4—螺杆；5—轴承；6—减速器；

7—回转接头；8—变速操纵手柄；9—电机；10—仪表盘

图 3-3 所示为 ϕ250 热喂料胎面挤出机。它的螺杆是双头收敛式螺纹，机头与机筒温度由热电偶测量，人工调节其温度。喂料口上装有喂料辊，进行强制喂

料。由交流整流子电机经减速机驱动螺杆，可在一定范围内无级调节螺杆转速。更换机头可用于生产其他橡胶制品。

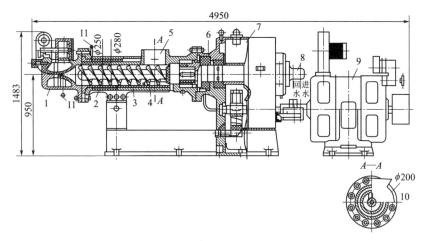

图 3-3　φ250 热喂料胎面挤出机（单位：mm）

1—胎面机头；2—机筒；3—衬套；4—螺杆；5—喂料口；6—推力轴承；7—减速器；
8—回转接头；9—电机；10—喂料辊；11—热电偶

图 3-4 所示为 φ200/φ250 热喂料复合胎面挤出机。它的上、下两根螺杆分别由两台交流整流子电机经减速机驱动，机筒是整体的，在其前端装有胎面复合机头。两个喂料口都装有喂料辊，两种胶料分别由两根螺杆挤出，在复合机头内汇合，挤压成为胎面。

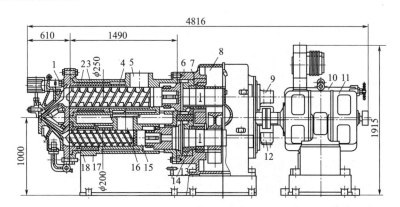

图 3-4　φ200/φ250 热喂料复合胎面挤出机（单位：mm）

1—复合胎面机头；2,18—机筒；3,17—衬套；4,15—螺杆；5,16—喂料口；6,14—推力轴承；
7,13—双列调心球面滚子轴承；8—减速器；9,12—回转接头；10,11—电机

冷喂料挤出机的特点是：胶料不经热炼，把室温下的胶条直接喂入挤出机。用冷喂料挤出机挤出的制品质量好，劳动生产率可提高 1～1.5 倍，而投资可减少一半。其螺杆的长径比较大，螺纹沟槽的深度较浅。它的驱动电机功率为同规

格热喂料挤出机的 2～3 倍，但由于冷喂料挤出机不需要配备热炼机，因而其单位能源消耗比热喂料挤出机低。

图 3-5 所示为 φ150 冷喂料挤出机。主要用于电线、电缆、胶管等产品的生产中。其螺杆采用主副螺纹收敛式。螺杆尾部采用花键浮动连接，加工简单，装配方便。机筒由前、后两段组成。前段机筒用无缝钢管焊接而成。其冷却夹套采用多段梯形螺纹沟槽，以提高其热交换效率。主电机为 75/25kW 交流整流子电机，经圆弧齿轮减速机传（驱）动螺杆。减速机的传动轴采用立式三角形排列，使结构紧凑、占地面积小。

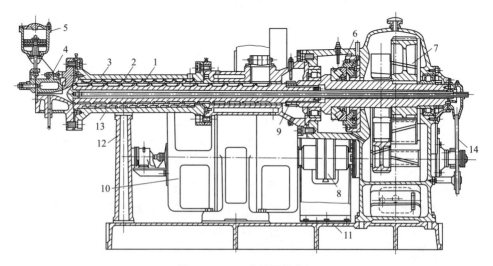

图 3-5   φ150 冷喂料挤出机

1—螺杆；2—衬套；3—机身；4—机头；5—风筒；6—推力轴承；7—减速机；8—联轴节；
9—旁压辊传动齿轮；10—电机；11—机座；12—机架；13—冷却水管；14—回水管

冷喂料排气挤出机用于排除胶料中的气体，降低胶料的多孔性和膨胀性，提高半成品的密实性。其结构特点是：在挤出机的机筒上装有真空系统，用于排除胶料中的水分和挥发物，但它的生产效率较低，仅为同规格的热喂料或冷喂料挤出机的 50％。现代冷喂料排气挤出机配备一组可以更换的螺杆，使用不同的螺杆，可作排气或不排气的冷喂料挤出之用。

图 3-6 所示为 φ90 冷喂料排气挤出机。它采用直流电机驱动，调速范围大，效率高，占地面积小，采用直立式减速机，电机装在机壳内，结构紧凑，外形美观。它采用强力塑化螺杆，胶料塑化好，并采用喂料辊强制喂料，输送能力强，挤出的稳定性好。为防止从排气口排出的有害气体污染环境，还设有冷却过滤装置，此外还装有电压、电流、温度等测量及控制仪表。

图 3-7 所示为 φ90 冷喂料销钉机筒挤出机。它的机筒分成三段，用法兰连接。在机筒的前段和中段上装有销钉，共 10 排，每排有销钉 8 个，其销钉的数

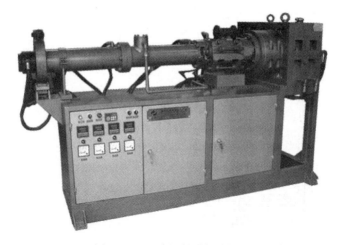

图 3-6   φ90 冷喂料排气挤出机

图 3-7   φ90 冷喂料销钉机筒挤出机

量可根据胶料的性质、塑化的要求进行调整、增减。为了控制机筒的温度，在机筒壁的轴线方向钻有加热或冷却水的通道。机筒、螺杆、机头分别设有温控系统，保证胶料在一定的操作温度条件下挤出，从而使其具有良好的挤出质量。螺杆由直流电机经减速机驱动。冷喂料销钉机筒挤出机在拆卸螺杆时，应先把销钉从机筒上拆下。

3.3.2   传动装置

螺杆挤出机的传动装置包括电机、减速机和调速装置。调速装置包括有级调速和无级调速两种，使螺杆转速能在 1∶（3～10）范围内变化。

图 3-8 所示为典型的螺杆挤出机传动系统。图 3-8(a) 是由异步电机经四次变速箱驱动螺杆的传动系统，它适用于小型挤出机。

　　图 3-8(b) 是由直流电机经减速机驱动螺杆的传动系统，螺杆转速可无级调节。从直流电机调速特性曲线（图 3-9）可见，在改变电枢时，得到的是恒扭矩调速。改变磁场电压时，得到的是恒功率调速，此时，随着转速的增加其输出功率不变。

　　图 3-8(c) 是由异步电机经无级减速机驱动螺杆的传动系统，它多用于小型挤出机的传动系统中。

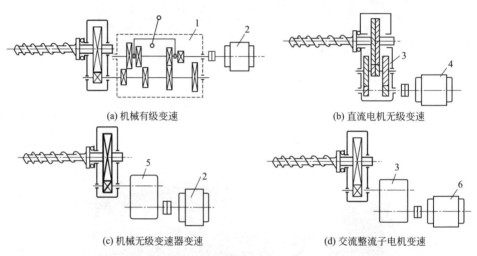

(a) 机械有级变速　　　　　　　　　　　　　　(b) 直流电机无级变速

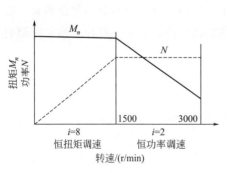

(c) 机械无级变速器变速　　　　　　　　　　　(d) 交流整流子电机变速

图 3-8　螺杆挤出机传动系统

1—变速箱；2—交流电机；3—减速器；4—直流电机；

5—无级变速器；6—交流整流子电机

　　图 3-8(d) 是由交流整流子电机经减速机驱动螺杆的传动系统。整流子电机与挤出机的工作特性曲线接近，如图 3-10 所示，因此，可保证有较高的功率因数和效率，这种电机的启动性能好，运行稳定，速度较精确，只需简单的启动控制设备，使用可靠，其调速范围为 1∶3 或 1∶6。国产整流子电机最大功率达 125kW。整流子电机的缺点是维修工作量大，低速运转时效率较低。

图 3-9　直流电机调速特性曲线　　　　图 3-10　整流子电机与挤出机的工作特性曲线

对于冷喂料挤出机，往往在其传动环节上装有 V 带传动，以便根据操作需要调节螺杆的转速与扭矩。

3.3.3　布置形式

螺杆挤出机常见的布置形式如图 3-11 所示。图 3-11(a) 电机在减速箱箱体后部，占地面积大，多用于小型挤出机上。图 3-11(b) 电机在机箱壳体内部机筒的下面，机台外形美观，但安装维修不便，电机散热性较差，多用于小型挤出机。图 3-11(c) 电机在机箱壳体的侧后部，安装维修较方便，但结构不够紧凑，占地面积较大，多用于大中型挤出机。

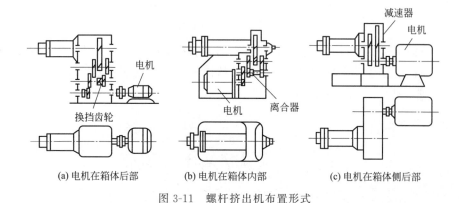

图 3-11　螺杆挤出机布置形式

3.4　挤出机的主要部件

挤出机一般均由机筒、螺杆、机头、口型、机架、加热冷却装置和传动装置等部分组成。其主要部件为机筒、螺杆、机头口型和传动装置。

3.4.1　机筒

机筒是挤出机的主要工作部件。它在工作中和螺杆相配合，使胶料受到机筒内壁及转动螺杆的相互作用，以保证胶料在压力下移动和捏炼，通常它还起热交换作用，因此机筒的结构形式与加热、冷却的方式有关。机筒应有足够强度，能保证胶料的捏合与塑化，能满足加热冷却的要求。机筒通常为一夹套圆筒。夹套内可通蒸汽或冷却水，以调节机身的温度。为了使胶料沿螺槽方向推进，必须使胶料与螺杆和胶料与机筒之间的摩擦系数尽可能悬殊，机筒壁表面应尽可能粗糙，如加刻沟槽等，以增大摩擦力，而螺杆表面则力求光滑，以减小摩擦系数和摩擦力，否则，胶料将紧包螺杆，而无法向前推进。

20 世纪 80 年代出现的销钉机筒冷喂料挤出机，其机筒上固定有数根销钉，对螺杆呈径形排列,如图 3-12 所示。这些销钉可以进行径向调节,能达到与螺杆芯部上的间隙为 1mm。这种结构可使胶料受到分割和低速度的剪切,有较好的混合和均匀化作用,特别是螺槽中心胶层,也得到搅拌,胶料温度均匀,同时具有较好的热交换作用。

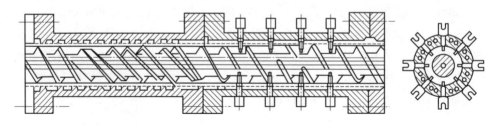

图 3-12　销钉机筒结构

橡胶挤出机的加料口位于机筒的后半部。加料口的结构与尺寸对加料影响很大,而加料情况往往影响挤出产量。随着挤出机结构的改进,加料口的式样也发生变迁。有图 3-13 所示的四种情况。

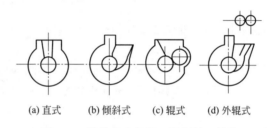

(a) 直式　(b) 倾斜式　(c) 辊式　(d) 外辊式

图 3-13　橡胶挤出机的四种加料口结构

(1) 直式

加料口与螺杆垂直 [图 3-13(a)],此种结构进料困难,非得用棒强制塞入不可。胶料的喂入过程完全是被动的,易受胶料打滑等现象的影响而影响挤出产量。

(2) 倾斜式

加料口与螺杆构成 33°~45°的倾斜角度 [图 3-13(b)],在机筒与螺杆表面形成楔形间隙,该间隙越过机筒底部中心,胶料进入加料口后,顺着螺杆的转动方向沿着螺杆的底部喂入,这可使加料段螺槽的充满程度增加,故加料比垂直式方便 (图 3-14)。目前,橡胶工业采用的挤出机,加料口结构多属此种。

(3) 辊式

在加料口侧壁螺杆的一旁加装一个与螺杆对转的压辊构成旁压辊喂料 [图 3-13(c)],它能对胶料施加一定的喂入压力,增加胶料在螺槽中的充满程度。在这种喂料结构中 (图 3-15),旁压辊与螺杆组成一对"辊筒",螺杆上的齿轮与旁压辊的齿轮相啮合,螺杆的旋转带动旁压辊按一定的速比转动,将胶条不断

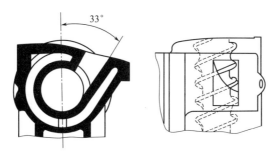

图 3-14   挤出机倾斜式加料口

图 3-15   挤出机辊式加料口

地挤入螺纹槽内，在一定程度上解决了喂料口处胶料的打滑与返胶现象，加速了胶料的喂入，提高了挤出生产能力。尽管在精心选定旁压辊的辊子直径后，喂入的胶料能够和螺杆实际需求量相一致。但它还存在许多问题：①功率消耗增加，一般会增加10%，横压力大，常会造成螺杆变形，严重时会引起螺杆扫刮机筒甚至螺杆或机筒损伤；②由于压延效应，胶料会向辊子两侧移动，并挤入两侧轴承内，造成机械故障；③影响排气效果，挤出半成品常出现气泡；④辊距不能自动调节，因而不能解决适应各种软硬胶料及喂入胶料多少的问题；⑤有些胶料会粘辊，因粘辊胶料挤向旁压辊轴承引起轴承损坏，有采用在旁压辊下部装刮刀以刮去粘在辊上的胶料，或轴承前面装反螺纹防胶套以防胶料进入轴承。尽管旁压辊喂料装置存在诸多缺点，但是在没有出现其他新型喂料形式的情况下，它仍得到了广泛应用，并在逐步得到改进。

（4）外辊式

在加料口上方设置了一对液压传动的喂料辊，这种加料口结构是在改进以上缺点的基础上发展起来的［图3-13（d）］，当喂入胶料过多时，胶料就对喂料辊产生一反力矩，反力矩达到一定值时，力矩喂料装置就停止喂料，而当胶料减少到一定值时，力矩喂料装置又继续喂入胶料。由此获得挤出过程的稳定性，如果与热炼机的带式供料综合使用，则可实现自动化连续供料。但这种装置目前应用并不广泛，主要是由结构复杂、成本高、加工难度大等原因造成的。

3.4.2 螺杆

螺杆是挤出机的主要工作部件，它在工作中产生足够的压力使胶料克服流动阻力而被挤出，同时使胶料塑化、混合、压缩，从而获得致密均匀的半成品。螺杆的材料应具有足够的强度和刚度、高温工作不变形，有较高的耐化学腐蚀性、良好的耐磨性；螺杆还应具有良好的导热性。螺杆由工作部分和尾部组成。工作部分即螺纹部分，在挤出机机身内；尾部系指与传动装置连接的部分。螺杆端部一般为弹头或锥形，以免形成死角和滞留区而使胶料焦烧。

螺杆的螺纹有单头、双头和复合螺纹等三种。单头螺纹螺杆多用于滤胶，双头螺纹螺杆多用于挤出成型（出料均匀），复合螺纹即加料端为单头螺纹（便于进料），出料端为双螺纹（出料均匀且质量好），多用于塑炼等。普通挤出机一般采用双头螺纹。

热喂料挤出机常用的螺杆结构形式多为普通型，如图 3-16 所示。等距等深型螺杆挤出机挤出半成品致密性差，多用于滤胶机上。等距不等深型螺杆能使胶料均匀压实，胶料受剪切应力大，发热量大。当螺纹的压缩比过大时，对螺杆喂料段的机械强度有明显的影响。等深不等距型螺杆不影响螺杆的机械强度，胶料塑化均匀，但加工困难。双螺纹比单螺纹生产能力大，比单螺纹螺纹升角大，胶料流动阻力小，双螺纹在螺杆头端有两个螺纹面，对挤出半成品加压均匀，螺距由大至小，易于吃料并保证半成品密致。

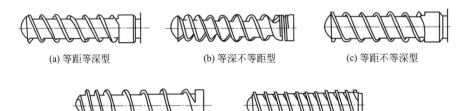

(a) 等距等深型   (b) 等深不等距型   (c) 等距不等深型

(d) 复合型   (e) 锥型

图 3-16   热喂料挤出机螺杆的结构形式

螺杆的外形可分为圆柱形和圆锥形等，一般为圆柱形。随着挤出理论的不断发展，螺杆和螺纹结构类型日益增多，有所谓主副螺纹的，带有混炼段的，以及分流隔板型的等多种。

冷喂料橡胶挤出机常用的螺杆结构形式如图 3-17 所示，其中以分离型即主副螺纹型应用最多。它的特点是副螺纹的高度略小于螺纹，而螺纹导程又大于主螺纹，胶料通过副螺纹、螺峰与机筒内壁之间的间隙时受到强烈的剪切作用，塑化效果高，生产能力大，对胶料适用性广。

　　螺杆的主要结构参数如图 3-18 所示。

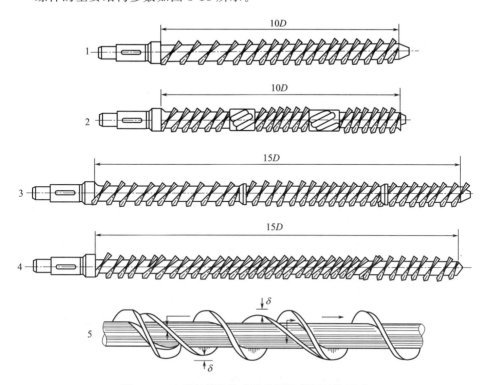

图 3-17　冷喂料橡胶挤出机常用的螺杆结构形式

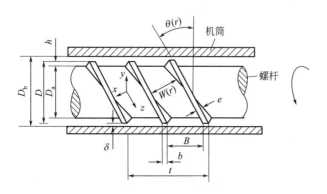

图 3-18　螺杆的主要结构参数

D—螺杆外直径；e—螺纹突棱顶部法向宽度；δ—螺杆棱部与机筒内壁之间间隙；

t—等距螺纹的导程；θ—螺纹升角；W—螺槽法向宽度；b—螺纹棱部轴向宽度；

h—螺槽深度；B—螺槽轴向宽度

（1）长径比

螺杆螺纹部分长度 L 与外直径 D 之比为长径比（L/D），是挤出机的重要参数之一。长径比大，胶料在挤出机内走的路程长，受到的剪切、挤压和混炼作用就大，有利于胶料塑化、混合，有利于提高挤出压力，促使制品致密及产量的提高。但过大的长径比会增加胶料在机筒内的停留时间，由于升温过高易引起胶料焦烧。另外长径比大功率增加，螺杆制造也困难。

热喂料挤出机螺杆长径比一般为 4～6，也有资料介绍最大为 8，最小为 2.85。冷喂料挤出机螺杆长径比较大，一般为 8～16，更大的达到 20。

国产常用压型挤出机的长径比如表 3-2 所示。

表 3-2　几种国产常用压型挤出机的长径比　　　　单位：mm

用途	型号	L	D	L/D
胶管	XJ-30	165	30	5.5
	XJ-65	260	65	4.0
	XJ-85	408	85	4.8
	XJ-115	552	115	4.8
胎面挤出	XJ-150	690	150	4.6
	XJ-200	870	200	4.35
滤胶	XJL-150	780	150	5.2
	XJL-250	1200	250	4.8

冷喂料挤出机长径比如表 3-3 所示。

表 3-3　国外常用冷喂料挤出机长径比

直径与长径比	Berstoff 德国	Krupp 德国	NRM 美国	Francs Shom 英国	OHG 意大利	三菱重工 日本
D/mm	120	120	115	120	120	115
L/D	14	12	12	14	13	12

（2）压缩比

所谓螺杆的压缩比是指螺纹槽最初容积与最终容积之比，或者螺杆加料端一个螺槽容积与出料端一个螺槽容积之比，它表示胶料在挤出机中可能受到的压缩程度。

压缩比的大小视挤出机的用途而异。压缩比过大，虽然可保证半成品质地致密，但挤出过程阻力增大，胶料升温高易产生焦烧，且影响产量，压缩比过小影响半成品致密程度。为使胶料挤出时逐渐受到压缩，螺杆进料部分到出口部分的螺距或螺槽深度应由大变小或由深变浅。这个比值愈大，挤出成型的半成品致密度愈高。

热喂料挤出机的压缩比一般为 1.3～1.4，有时可达 1.6～1.7；冷喂料挤出机的压缩比一般为 1.7～1.8，有时可达 1.9～2.0；滤胶机的压缩比一般为 1，即无压缩。

（3）螺距

相邻两个螺纹之间的距离为螺距。对橡胶材料来说，以不等距收敛式，即从螺杆后部向前部螺距逐渐减小较为理想，可显著增加螺杆压力。

（4）螺槽深度

即螺纹深度，对挤出胶料质量和流量有重要影响。加大螺纹深度，可提高产量，但是太深时产量增加并不显著，且会影响螺杆的强度。深度过浅，胶料所受剪切力较大，有利于胶料的剪切塑化，但胶料易过热和焦烧。一般螺槽深度相当于螺杆外直径的 18%～25%。冷喂料挤出机的螺纹槽则比热喂料挤出机的浅些。

（5）螺棱宽度

螺棱宽度过窄会减少胶料在螺棱与筒壁的摩擦，使设备能力下降；但过宽则又易导致胶料局部过热，引起焦烧，一般取螺杆直径的 8%～12%。

（6）螺纹系数 h/b

螺纹深度（h）与螺纹宽（b）之比称为螺纹系数，一般在 0.2～0.5 范围内。

（7）螺棱与筒壁之间间隙

挤出时，在机筒内壁与螺棱之间的间隙中会产生漏流，降低产量，因此，间隙不宜过大。但是间隙过小，会加大摩擦，容易引起胶料焦烧。因此新挤出机取的间隙量一般为螺杆外直径 D 的 2%～5%；旧的挤出机，则不宜超过螺杆外直径 D 的 8%。

在挤出高填充胶料时，螺杆所受的磨损作用甚剧，应选用耐磨性强、质地坚硬的钢材（例如氮化钢或铬钼合金钢），特别是螺峰部分可在制成后再渗碳硬化。另外，为了防止表面温度上升过高引起焦烧，螺杆应做成中空的，内通冷却水。

（8）螺杆转速

螺杆转速直接影响挤出机的产量、功率消耗、挤出半成品质量，以及机器的结构等。随着转速的增加，产量上升，但转速过高后产量增加不大，且胶料易焦烧，挤出半成品易产生海绵状。

随着转速的增加，功率消耗也增加，但达到一定转速后功率增加的速率下降，这是由于转速增加时，胶料在机器内的摩擦力减小而引起的。

随着转速增加，胶料运动的速度梯度增大，这对胶料的剪切、搅拌有利，故塑化效果好。与此同时胶料发热量大，易产生焦烧，需要采取有效的冷却措施才能保证操作的顺利进行。

为了适应挤出不同胶料的需要，往往备有几挡固定转速供选择，或配备无级变速装置，在一定转速范围内进行无级调速，以适应联动化的需要。几种国产常用挤出机的螺杆转速如表 3-4 所示。

表 3-4　国产常用挤出机的螺杆转速

型号	用途	调速级	螺杆转速/(r/min)
XJ-65	胶管挤出	4	20,27,35,47
XJ-85	胶管挤出	4	27,32,41,54
XJ-115	胶管挤出	4	15,25,35,45
XJL-115	滤胶	4	15,25,35,45
XJ-200	胎面挤出	无级变速	16.65~67.4

3.4.3　机头和口型

机头和口型位于机身的前端，是挤出机的稳流和造型部分。变换机头和口型，可挤出成型不同规格和形状的制品半成品。

3.4.3.1　机头

机头位于机身前部，安装于螺杆末端与口型之间，对不同的挤出工艺（如压型、滤胶、混炼等）其作用与结构也不相同。对压型挤出机的机头来讲，其主要作用是使胶料由螺旋运动变为直线运动，使机筒内的胶料在挤出前产生必要的挤出压力，以保证挤出半成品密实，使胶料进一步塑化均匀，使挤出半成品成型。但机头的主要作用是将螺杆挤出的胶料引导到口型部位，使离开螺槽的不规则、不稳定流动（螺杆出口处引起的脉冲流动）的胶料过渡为稳定流动的胶料，挤出口型时成为断面稳定的半成品；其次，机头还用来安装口型。

机头结构可分为圆筒形、扁平形、T 形和 Y 形等。圆筒形用于挤出圆形或小型制品，如胶管、内胎、密封条等；扁平形用于挤出宽断面半成品，如外胎胎面、胶片等扁平胶条；T 形和 Y 形机头用于胶料挤出方向与螺杆轴向呈 90°（T 形）或 60°（Y 形）角的作业，如电线电缆包胶、轮胎钢丝圈包胶和胶管包胶等。此外，还有各种复合机头。

机头对挤出有重要影响，约 30% 使用性能取决于机头的好坏。

挤出成型工艺对机头的要求有以下几点：

① 机头内表面必须光滑，而且呈流线型，以提供最大的出胶量而不存在任何紊流，使胶料沿机头内壁流道流动时保持均匀畅通，无死角或停滞、阻塞，以免焦烧。

② 机头需对机筒内的胶料产生必要的后坐力，使胶料在这种力的作用下，翻腾均匀到口型外融合均匀，避免挤出制品分层。

③ 机头温度应能调节和控制。

④ 需频繁更换滤网时，应使用两个铰链式机头或利用卡口锁紧环等结构。

（1）圆筒形机头

圆筒形机头是由外壳、口型、芯型、芯型支座和调整螺栓组成，如图 3-19

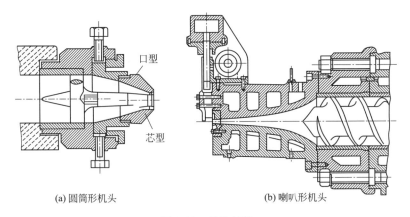

(a)圆筒形机头   (b)喇叭形机头

图 3-19   机头结构

所示。

口型用于控制半成品外径,芯型控制内径,芯型支座的筋形成轮辐状,支撑芯型,即连接芯型与机头外壳。芯型内有隔离喷射孔。调整螺栓用来调整口型与芯型的相对位置,以达到半成品断面部位的要求厚度。芯型支座有单筋和多筋之分。一般在保证强度条件下,以筋数少者为宜。

① 芯型   是中空结构,中间用压缩空气吹入滑石粉,使半成品的内壁保持不粘连,芯型表面要求光滑或镀铬,芯型借助螺纹而与支架固定。芯型的调节可采用两种方式(图 3-20):第一种用三根螺栓直接调节其前部[一般是小型挤出机采用,见图 3-20(a)];第二种由螺栓通过对支架的调节,再调节芯型的后部[图 3-20(b)]。第二种方法不占据口型和芯型间的空隙,可以使胶料很好地融合,挤出变形现象也较少,故优于第一种方法。

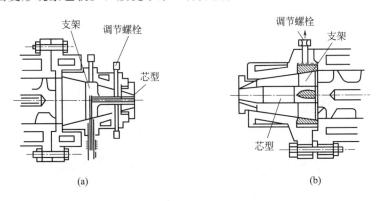

(a)   (b)

图 3-20   两种芯型调节装置

② 支座   支座起固定芯型的作用,与芯型的螺纹栓固定,要求其几何形状有利于胶料流动和融合,凡接触胶料的表面,都应镀铬并要十分光滑。

单筋支座的结构简单,胶料流动阻力较小。如图 3-21 所示。

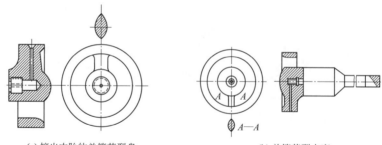

(a) 挤出内胎的单筋芯型盘 　　　　　(b) 单筋芯型支座

图 3-21　单筋支座

为了充分利用挤出机的能力，增加单位时间内的挤出量，可以加开口型板的孔数（相应增加芯型与支座数），这种方法已用于内胎及胶管的挤出。这种双嘴挤出机机头的外形、芯型和支架的结构如图 3-22 所示。

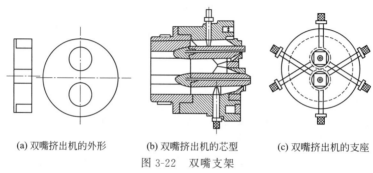

(a) 双嘴挤出机的外形 　　(b) 双嘴挤出机的芯型 　　(c) 双嘴挤出机的支座

图 3-22　双嘴支架

（2）扁平形机头

扁平形机头结构如图 3-23 所示。形如扁嘴，中部突起，两边有线槽以便胶料分流两侧，逐渐形成横条口型板的轮廓，用于挤出宽断面半成品。

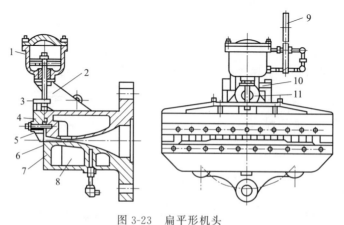

图 3-23　扁平形机头

1—气筒；2—上部机头；3—楔子；4—压板；5—压型板；6—活板；

7—下部机头；8—夹套；9—压力表；10—销；11—支架

（3）T形机头和Y形机头

T形机头和 Y 形机头结构如图 3-24 所示。此机头用以制造电线电缆绝缘层、轮胎钢丝圈及胶管包胶等。T 形机头 [图 3-24(a)] 的螺杆与胶料挤出方向呈 90°角，Y 形机头 [图 3-24(b)] 呈 60°角，其角度愈大阻力愈大。这类机头靠近螺杆一面胶料压力大，易使芯型偏移，使用时必须适当调整。而其相对应的一面胶料压力很小，易形成死角，胶料不易流动，应设辅助流胶孔以助流动，并避免焦烧。

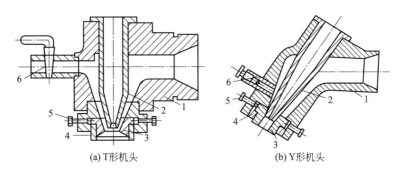

(a) T形机头　　　　　　　　　　　(b) Y形机头

图 3-24　T 形机头和 Y 形机头

1—壳体；2—芯型；3—口型；4—止推螺母；5—调整螺栓；6—溢胶孔

（4）剪切机头

剪切机头是 20 世纪 70 年代发展起来的新型机头。其结构形式有许多种，主要类型如图 3-25 所示。

图 3-25(a)、(b) 所示机头与挤出机呈直角位置安装。其基本结构为机头内有一能转动的芯型，在芯型和套筒之间形成间隙；胶料在此间隙中承受剪切而生热。胶料推力由螺杆提供。图 3-25(c) 所示机头与挤出机呈纵向位置安装，芯型与挤出机的螺杆末端直接相连，其外部套有一回转机筒，由液压驱动，旋转方向与螺杆的相反。此种机头的压力比横向机头的低，传统设备所形成的层流也未破坏。

图 3-25(d) 所示机头也与挤出机呈直角位置安装，其芯型的一端有螺纹，能推送胶料。因为与排气挤出机相连接，挤出机出口压力并未因剪切机头的作用而升高，而螺纹结构的作用是防止压力下降。

各种剪切机头的长径比为 (2～5)D 或更短，为瞬时升温结构。

芯型与机筒的间隙尺寸一般较小，有利于均匀生热。因为间隙大，胶料剪切速率小，胶料温度不均匀，容易产生局部焦烧。胶料升温可达 150～190℃。

3.4.3.2　口型

口型位于机头前部，用以半成品造型，并控制其规格尺寸。通过变换口型，一台挤出机可以制备不同规格和形状的半成品。

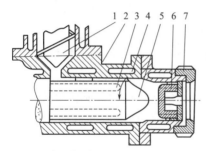

(a) 直角剪切机头(德国Krupp公司)

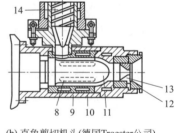

(b) 直角剪切机头(德国Troester公司)

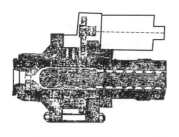

(c) 纵向剪切机头(德国Berstorff公司)

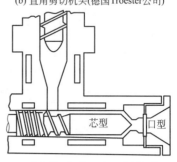

(d) 直角剪切机头(日本三叶制作所)

图 3-25　几种实用剪切机头的结构

1,14—挤出机；2,9—剪切间隙；3—芯型加热（冷却）；4—加热（冷却）套；
5—芯型；6,13—口型；7—保持环；8—芯型加热区；10—浇铸加热区；
11—剪切芯型；12—环螺母

对口型的要求是努力确保胶料层流，没有死点，力争最小压力降。

（1）普通口型

普通口型一般分两种：一是带一定几何形状的钢板，用于挤出实心和片状半成品，如胎面、胶条、胶板等；另一种由口型、芯型和芯型支座组成，用于挤出中空半成品，如内胎、胶管等。

口型一般为里口大、外口小的圆锥体。口型与机头连接固定方式有两种：一种是通过螺纹与机头内周（上面也有相应的螺纹）栓紧；另一种则将孔钻在方形钢板上，再将方形钢板栓固在口型上。图 3-26(a) 的优点是无焦烧危险（因为胶流通畅无存胶堆积），但每种尺寸需专备一个外形；而图 3-26(b) 则只要调换方形钢板即可，但钢板与外形之间易出现积胶，引起焦烧。

（2）特种口型

特种口型主要有双辊式机头口型和取向口型等，是一类新型口型设计，具有重要实用意义。

① 双辊式机头口型　双辊式机头口型由扁平机头和紧连的小型两辊压延机组成，结构形式如图 3-27 所示。

为保证挤出质量，挤出流量应与压延机压延速率相适应。为此，在流道前部

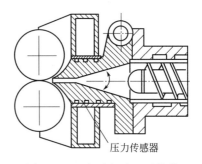

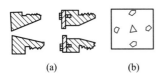

图 3-26　口型与机头的连接固定方式　　图 3-27　双辊式机头口型结构

安装压力传感器，并与控制装置相连，可调节和改变压延机辊速，保证胶料压力恒定。为了适应胶料更换和设备维修，挤出机可安置于可向后移动的活动推车上，并有装置将挤出机锁定在压延机机架之间，以缩短停机时间。

双辊式机头口型主要用于制造胶片，厚度大于 3mm 也不会产生气泡，比压延机为优。因为扁平机头供胶与普通压延机喂料不同，在喂料口无堆积胶存在，因而无夹入空气产生气泡之忧。胶料从口型挤出后，厚度为 30～60mm，通过两辊间压延到所需厚度。

② 取向口型　取向口型是短纤维补强胶料制造胶管制品专用口型，结构如图 3-28 所示。

取向口型有两种基本形式：扩芯式和阻流式。图 3-28（a）所示为普通口型；图 3-28（b）所示为扩芯式取向口型，其结构特点是缩小环形流道直径，而流道间隙与胶管壁厚度相等；图 3-28（c）所示为阻流式取向口型，其结构特点是减小流道的间隙，而圆环口直径仍保持与胶管直径大致相等；图 3-28（d）综合了（b）、（c）两种结构的特点。

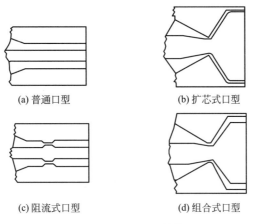

(a) 普通口型　　　　　　　(b) 扩芯式口型

(c) 阻流式口型　　　　　　(d) 组合式口型

图 3-28　取向口型结构

用普通口型挤出时，胶料中短纤维沿挤出方向取向，对胶管补强性较差。取向口型挤出时在口型流道增设流动节制部分，使纤维胶料在流动中受阻；越过节流区后，胶料进入特殊的扩张区，随着胶料扩张流动，纤维以横向方式取向，使胶管在周向或径向的强度得以增大。

3.4.4　传动装置

挤出机的传动装置主要有电机、减速机和变速机构所组成。但三者不可截然分开，有时电机本身（直流电机、交流整流子电机等）就可以调速。如采用机械变速，一般将变速机构与减速机装在一起。挤出机的传动方式颇多，基本有以下几种。

① 感应电机机械有级变速常采用鼠笼式感应电机通过机械装置来实现变速，多用于中小规格的挤出机中。

② 交流整流子电机无级变速交流整流子电机调速范围为 1∶3，运行性能较稳定，速度较精确，无须其他启动控制设备，使用安全可靠。

③ 直流电机无级变速直流电机能在较大范围内无级变速，启动性能平稳，也是挤出机采用较多的传动方式。

④ 电磁调速异步交流电机（或称交流滑差式电机）无级变速其特点是能实现无级变速，且在高速范围内保证一定的额定输出扭矩，具有较硬的机械特性，但低速时效率低。

电机功率需考虑多种因素来规定，因为转速、用途、胶料质地及胶料温度都可以影响加工动力的消耗，一般根据最大转速和最硬的胶料来推算。表 3-5 为国产挤出机的功率。

表 3-5　国产挤出机的功率

螺杆直径/mm	螺杆转速/(r/min)	生产能力/(kg/h)	电机功率/kW
30	10～100	0.7～7	3
65	27～80	35～105	10
80	27～80	70～110	17
115	25～75	200～600	30
150	23～70	300～900	40
200	20～60	650～1950	55
250	17～51	1060～3200	75
300	15～45	最大 4600	130

3.5　主要性能参数

国产冷喂料挤出机基本参数见表 3-6，国产热喂料压型及滤胶挤出机基本参数见表 3-7。

表 3-6　国产冷喂料挤出机基本参数

型号	螺杆直径 /mm	螺杆最高转速 /(r/min)	螺杆长径比 (L/D)	主电机最大功率 /kW	最大生产能力 /(kg/h)
XJW-40	40	70	8、10、12	10	60
XJW-60	60	65	8、10、12	22	110
XJW-90	90	60	10、12	55	300
XJW-120	120	55	12、14、16	100	600
XJW-150	150	50	12、16、18	200	1000
XJW-200	200	40	12、16、18	320	1500
XJW-250	250	30	18、20	550	3000
XJW-300	300	25	18、20	700	4000

表 3-7　国产热喂料压型及滤胶挤出机基本参数

型号	螺杆直径 /mm	螺杆最高转速 /(r/min)	螺杆长径比 (L/D)	主电机最大功率 /kW	最大生产能力 /(kg/h)
XJ-40	40	90	4～6	5.5	20
XJ-60	60	81	4～6	10	65
XJ-65	65①	81	4～6	10	65
XJ-90	90	81	4～6	22	220
XJ-120	120	81	4～6	40	530
XJ-115	115①	81	4～6	40	530
XJ-150	150	81	4～6	55	1050
XJ-200	200	60	4～6	75	1800
XJ-250	250	60	4～6	100	3600
XJ-300	300	45	4～6	130	4570
XJL-120	120	40	4～6	20	170
XJL-150	150	40	4～6	40	400
XJL-200	200	40	4～6	55	800
XJL-250	250	40	4～6	95	1600

① 挤出成型与滤胶两用。

　　国产的热喂料挤出机及冷喂料挤出机的主要性能参数见表 3-8 及表 3-9。国产滤胶机主要性能参数见表 3-10。国产冷喂料销钉机筒挤出机的主要性能参数见表 3-11。

表 3-8　国产热喂料挤出机主要性能参数

型号 参数	XJ-65	XJ-85	XJ-115	XJ-150	XJ-150	XJ-200	XJ-250
螺杆螺纹形式	双头等深收敛式	双头等距不等深式	双头收敛式	双头不等深式	双头等深收敛式	双头收敛式	收敛式
螺杆外径/mm	65	85	115	150	150	200	250
螺杆长径比(L/D)	4	4.3	4.3	4.43	4.6	4.35	4.5
压缩比		1.3	1.3	1.34	1.55		
螺杆转速/(r/min)	20、27、35、47	28、40、56、80	20、33、46、60	27～81	25～75	22.4～67.2	19.7～59.1

续表

型号 参数	XJ-65	XJ-85	XJ-115	XJ-150	XJ-150	XJ-200	XJ-250
电机功率/kW	7.5	11/15	22	40(整流子电机)	18～50(整流子电机)	25～55(整流子电机)	33～100(整流子电机)
生产能力/(kg/h)	50～80	70～210	600			2200	3500
蒸汽压力/MPa	0.2～0.3	0.3～0.4	0.4	0.6	0.3～0.4	0.6～0.8	0.6～0.8
冷却水压力/MPa	0.2～0.3	0.2～0.3	0.2	0.3～0.6	0.2～0.4	0.3	0.2～0.3
压缩空气压力/MPa					0.4～0.6	0.3～0.6	0.6
外形尺寸 (长×宽×高)/mm	1630×604×1050	2050×700(长×宽)	2300×800×1355	3585×814×1470	3685×1350×1530	4564×1800×1750	4950×1150×1483
质量/kg	1200	2500	3500	4000	5000	8000	8000

表3-9　国产冷喂料挤出机主要性能参数

型号 参数	XJW-85	XJW-90	XJW-120	XJW-150	XJW-200	XJWP-75排气挤出机
螺杆螺纹形式	双头收敛式主副螺纹	主副螺纹	主副螺纹	收敛式主副螺纹	收敛式主副螺纹	
螺杆直径/mm	85	90	120	150	200	75
长径比(L/D)	10	14	12	12	12	16
压缩比			1.6			
螺杆转速/(r/min)	20～80	19～58	19～58	16～48	15.5～46.5	25～75
电机功率/kW	10～30(整流子电机)	18.3～55(整流子电机)	18.3～55(整流子电机)	33.3～100(整流子电机)	320(直流电机)	30(整流子电机)
生产能力/(kg/h)	220		600	1200	530～1580	130
机身冷却区段数		3	3			
蒸汽压力/MPa	0.4		0.6	0.4～0.6	0.6	0.2～0.5
冷却水压力/MPa	0.2		0.3	0.2～0.3	0.2～0.3	0.2～0.5
压缩空气压力/MPa			0.6	0.6		
外形尺寸 (长×宽×高)/mm	3305×835×1615	3660×1200×1350	3750×1200×1350	5130×1150×1509	7183×1975×2285	2230×745×1265
质量/kg	3000	5500	15000	9000	12000	2500

表3-10　国产滤胶机主要性能参数

型号 参数	XJL-115A	XJL-150	XJL-150①	XJL-150A	XJL-200	XJL-250
螺杆直径/mm	115	150	150	150	200	250
螺杆长径比(L/D)	4.8	5.2	5.14		4.94	
螺杆转速/(r/min)	20、46、60	42	43	41.3	44	40
主电机功率/kW	22	37	30	40	75	95
切割装置转速/(r/min)				17		16
生产能力/(kg/h)	420	400	350～450	400	800	1600
蒸汽压力/MPa	0.3	0.3		0.6～0.8	0.4	0.6～0.8

续表

型号 参数	XJL-115A	XJL-150	XJL-150①	XJL-150A	XJL-200	XJL-250
冷却水压力/MPa	0.2～0.3	0.2～0.3		0.2～0.3	0.2	0.2～0.3
外形尺寸 (长×宽×高)/mm	2235× 750×1355	3037× 978×1698	2960× 1110×950	2873× 1220×1376	4600× 1800×1800	4.30× 1250×1690
质量/kg	2300	5000	2000		8000	9000

① 挤出成型与滤胶两用。

表 3-11　国产冷喂料销钉机筒挤出机主要性能参数

型号 参数	XJD-90	XJD-120	GE120KS× 14D	GE150KS× 16D	GE200KS× 18D	GE200KS×12D （用于预热）
螺杆直径/mm	90	120	120	150	200	200
螺杆长径比(L/D)	12	14	14	16	18	12
螺杆转速/(r/min)	6～60	10～45	最大 55	最大 44	最大 33	最大 26
电机功率/kW	40	75	90	180	300	230
总装机容量/kW	64	102				
销钉排数	8	10	12	12	12	10
每排销钉数	6	6	8	8	10	10
加热冷却区段	4	4				
生产能力/(kg/h)	约 300	450～700	约 1000	约 1200	约 2100	约 2300
外形尺寸 (长×宽×高)/mm	2186× 800×1611	4614× 2981×2145				
质量/kg			3250	7250	12600	12000

3.5.1　螺杆直径与长径比

螺杆直径是指螺杆工作部分的外径，它是螺杆的基本参数，挤出机的规格是用螺杆大小表示，例如 XJ-115 挤出机，即螺杆直径为 ϕ115mm。

螺杆直径直接影响挤出机的扭矩，在相同转速下，螺杆直径与扭矩的关系如图 3-29 所示。

螺杆直径是决定挤出机产量的主要参数，螺杆直径与挤出产量和挤出半成品截面尺寸成正比，在相同的转速条件下，挤出机的产量与螺杆直径的关系如图 3-30所示。

螺杆直径 D 与挤出半成品宽度 b 的关系：当 $b>300$mm 时，$b=(3\sim4)D$；当 $b<300$mm 时，$b=(3.5\sim5)D$。

另外，还需要考虑制品断面大小与螺杆横截面积的关系，即

缩小比＝制品断面积/螺杆外圆截面积＝1/(4～8)

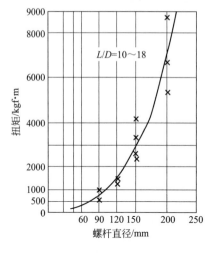

图 3-29　螺杆直径与扭矩的关系

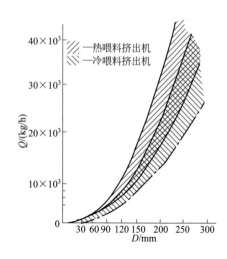

图 3-30　螺杆直径与产量的关系

表 3-12 列出了不同类型挤出机在相同转速下，挤出同种胶料的产量对比。可以看出：同规格的冷喂料挤出机比热喂料挤出机产量要大，而排气挤出机的产量最小。

表 3-12　挤出机产量对比

螺杆直径 /mm	最大产量/(kg/h)			
	螺杆转速/(r/min)	热喂料挤出机	冷喂料挤出机	冷喂料排气挤出机
60	95	186	150	91
90	70	408	499	240
120	59	866	816	449
150	51	1356	1397	698
250	42	2095	2295	1247

螺杆工作部分长度与直径之比（L/D）称为螺杆长径比。较大的长径比有利于胶料的均匀混合和塑化，并可使胶料升温过程变得缓和，这就为提高螺杆转速提供了可能性，有利于产量的提高。但过大的长径比，螺杆加工困难，功率消耗要增大，对热敏感性较大的胶料挤出时易引起焦烧。过大的长径比还会由于螺杆一端固定，另一端悬伸，增大重量弯曲而造成螺杆端部与机筒之间的间隙不均，严重时产生刮研而降低机器使用寿命。

图 3-31 所示为 ϕ150 冷喂料销钉机筒挤出机在机头压力为 15MPa 时，不同长径比的螺杆对产量、单位能耗和胶料温度的关系，可见螺杆的长径比对产量影响并不十分显著，但对胶温和单位能耗的影响则十分显著。螺杆长径比小，单位能耗低，胶温也低。

在螺杆长径比较小时，可用减小螺纹导程的方法，增加胶料在机筒内的停留时间，其效果与增大螺杆长径比相同，但产量要下降。

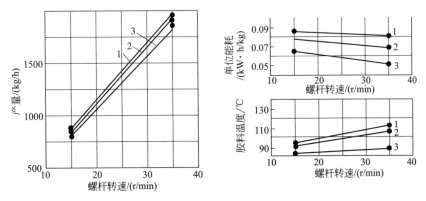

图 3-31　螺杆长径比与产量、单位能耗及胶料温度的关系
1—$L/D=10$；2—$L/D=13$；3—$L/D=16$

3.5.2　螺杆转速

螺杆转速是螺杆挤出机的重要参数，它影响挤出机的产量、功率消耗、挤出质量等方面。螺杆转速以 r/min 为单位。各种规格挤出机的螺杆转速见表 3-6 及表 3-7。

（1）转速与产量的关系

随着螺杆转速的增加，挤出机的产量要上升，在相当一段转速区间内，产量与转速成正比。当转速过高时，产量的上升速率下降，这是由于转速增大，胶温随之提高，在喂料段的摩擦力减小、挤出段的胶料黏度下降时，漏流量增加，结果是喂料能力和挤出能力都下降。导致产量上升的速率下降。图 3-32 所示为 ϕ90 冷喂料排气挤出机作丁苯橡胶挤出时，螺杆转速与产量关系的实测记录。图 3-33 所示为五种规格冷喂料销钉挤出机在机头压力为 2～5MPa 时，螺杆转速与产量的关系。

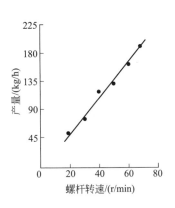

图 3-32　ϕ90 冷喂料排气挤出机
螺杆转速与产量的关系

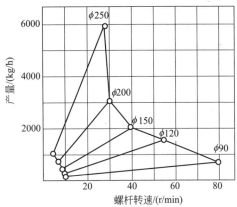

图 3-33　不同规格冷喂料销钉挤出机
螺杆转速与产量的关系

（2）转速与功率的关系

随着螺杆转速的增加，电机功率消耗也增加，但随转速增加的速率下降。图3-34所示为五种规格螺杆挤出机，挤出不同规格胶管时螺杆转速与功率消耗的关系。可见，在转速较高时，功率的增加速率下降。这是由于当螺杆转速较高时，胶料温度升高，导致胶料的黏度下降，流动性变好而引起的。

从图3-34中可见，N-n曲线近似为一直线，其斜率即为螺杆的扭矩。螺杆挤出机这种螺杆转速增加而扭矩基本保持不变的特性，称为挤出机恒扭矩工作特性。

（3）转速与挤出压力的关系

随着螺杆转速的增加，挤出压力也增加，但不十分显著。挤出压力增大有利于提高挤出半成品的致密性。但过高的挤出压力，会由于胶料的温升过高，破坏操作的稳定性。图3-35所示为三种口型截面积挤出时，螺杆转速与挤出压力的关系。

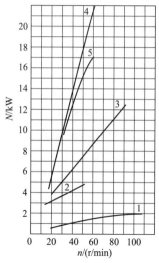

图 3-34   螺杆转速与功率消耗的关系
曲线 1—ϕ30 挤出机挤出 ϕ8.5×1.5 胶管；
曲线 2—ϕ65 挤出机挤出 ϕ10、ϕ6 胶条；
曲线 3—ϕ85 挤出机挤出 ϕ30×1.5 胶管；
曲线 4—ϕ115 挤出机挤出 ϕ31.8×3 胶管；
曲线 5—ϕ115 挤出机挤出 ϕ44×2.3
胶管（T 形机头）

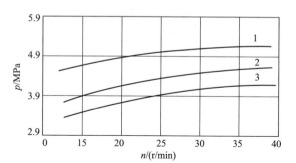

图 3-35   螺杆转速与挤出压力的关系
曲线 1—机头口型截面积为 4cm²；
曲线 2—机头口型截面积为 6cm²；
曲线 3—机头口型截面积为 8cm²

（4）转速与胶料塑化、升温的关系

随着螺杆转速的增加，胶料运动速度梯度增大，有利于胶料的撕裂、剪切、搅拌、塑化。但螺杆转速过高时，胶料发热量过大，当冷却不好时，易形成早期硫化。在改善机筒和螺杆传热条件时，可提高螺杆的转速。

图 3-36 所示为 $\phi150$、$L/D=16$ 的冷喂料挤出机，在挤出一定门尼黏度的胎面胶料时，螺杆转速与排胶温度的关系。由图 3-36 可见，冷喂料销钉机筒挤出机挤出胶料离开机头时的温度较低。

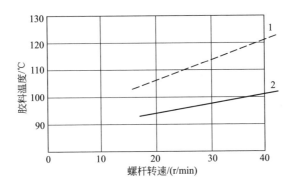

图 3-36　螺杆转速与排胶温度的关系

1—普通冷喂料挤出机；2—冷喂料销钉机筒挤出机

（5）转速与电能单耗的关系

挤出 1kg 质量胶料所消耗的功率称为电能单耗。电能单耗与螺杆转速间的关系，视具体操作条件而定。图 3-37 所示为 $\phi150$、$L/D=16$ 的冷喂料挤出机螺杆转速与能耗的关系。由图 3-37 可见，普通冷喂料挤出机螺杆转速越高，电能单耗越大，而冷喂料销钉机筒挤出机螺杆转速越高，电能单耗越小。这是由于产量随转速增加的速率大于功率增加速率所造成的。

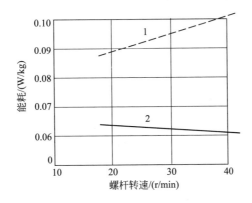

图 3-37　螺杆转速与电能单耗的关系

1—普通冷喂料挤出机；2—冷喂料销钉机筒挤出机

（6）转速与喂料方式的关系

螺杆转速与挤出机的加料方式有关。在无喂料辊自由喂料的情况下，过高的转速会使进料困难，或根本不能进料。螺杆不能进料的临界转速 $n_{临界}$，可按胶料被螺杆带动旋转的离心力与其重力相等的条件来确定。

$$n_{临界} = \frac{424}{\sqrt{D}} \tag{3-1}$$

式中　D——螺杆直径，cm；

　　　$n_{临界}$——螺杆临界转速，r/min。

螺杆的工作转速 n 可在（0.2～0.7）$n_{临界}$ 的范围内选取。大规格机器选大值，小规格机器取小值。

（7）最佳条件下的螺杆转速

最佳条件下的螺杆转速 n 可按式(3-2) 计算：

$$n = \frac{1}{\sqrt{D}}c \tag{3-2}$$

式中　n——螺杆最佳转速，r/min；

　　　D——螺杆直径，cm；

　　　c——系数，热喂料挤出机 $c=820$，冷喂料挤出机 $c=550$，胶料流动性差时，c 值应减小。

冷喂料挤出机螺杆转速与螺杆长径比有一定关系。螺杆长径比大，转速允许范围大，以保证胶料在机器内停留足够的时间。例如：ϕ200 热喂料挤出机，$L/D=4.35$，转速 $n=20\sim30\text{r/min}$；ϕ200 冷喂料挤出机，$L/D=12$，转速 $n=15.5\sim46.5\text{r/min}$。

3.5.3　挤出压力与轴向力

3.5.3.1　挤出压力

胶料在挤出机内流动时，因受到机头内腔流道阻力和螺杆的挤压作用，使胶料在机筒内的压力由喂料口沿胶料流动方向逐渐升高，在螺杆头端附近达最大值，称该值为挤出压力或机头压力。

胶料沿螺杆的轴向压力分布见图 3-38 所示。对普通螺杆，胶料压力在螺杆头端形成最大值。对于带有屏障的强力塑化螺杆，从喂料口到螺杆头端会形成两个压力峰值，其最大值仍在螺杆的头端附近。

影响挤出压力的因素是多方面的，在操作条件相同时，硬胶料的挤出压力大于软胶料的挤出压力。随着挤出口型截面积 F 的减小和螺杆转速 n 的增加，挤出压力也增加，如图 3-39 所示。

在正常操作条件下，当挤出机达到操作温度后，挤出压力一般为 3.0～10MPa，如操作条件不合理，胶料没有达到预热温度或口型截面较小时，挤出压力可达 13MPa 以上。通常压型挤出机挤出压力为 10MPa 左右，滤胶机为 15MPa 左右。表 3-13 列出了四种规格热喂料挤出机的挤出压力。

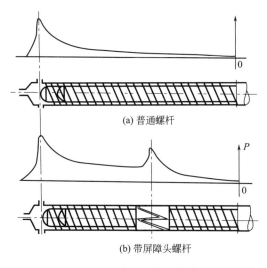

(a) 普通螺杆

(b) 带屏障头螺杆

图 3-38　轴向压力的分布

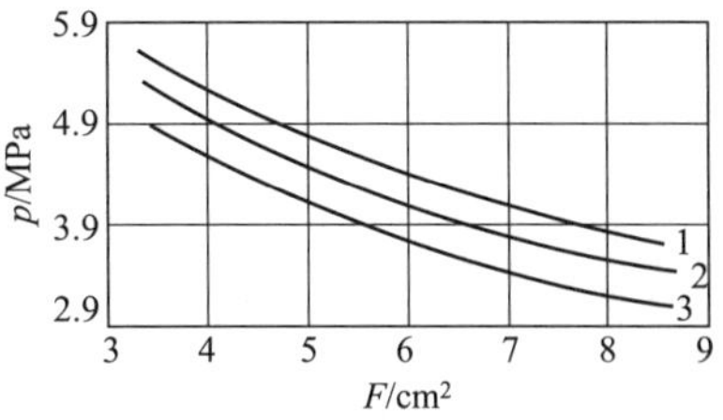

图 3-39　口型截面积与挤出压力的关系

曲线 1—螺杆转速 $n=38r/min$；曲线 2—螺杆转速 $n=22r/min$；曲线 3—螺杆转速 $n=18r/min$

表 3-13　热喂料挤出机挤出压力

螺杆直径/mm	60	125	200	250
正常工作压力/MPa	8～15	10～15	7～10	6～9
封闭机头时最大压力/MPa	44	42	34	15

3.5.3.2　轴向力

螺杆的轴向力是挤出机设计的一个重要参数，它是由作用在螺杆上的两个不同部分的力所组成：

① 螺杆头端胶料对螺杆的反压力（胶料的静压力）作用在螺杆端面上引起的，即由挤出压力引起的螺杆轴向力，称为静压轴向力；

② 在螺杆旋转推动胶料运动时，胶料对螺杆表面摩擦阻力的轴向分力而引起的，称为动压轴向力。

$$P=P_1+P_2 \qquad (3-3)$$

式中　P——轴向力，N；

　　　P_1——静压轴向力，N；

　　　P_2——动压轴向力，N。

3.5.4　生产能力

单位时间内挤出机的挤出量即为生产能力，也为产量，以 kg/h 表示。挤出机的生产能力常用简易的实验法和经验公式进行粗略的计算。

3.5.4.1 按挤出制品线速度计算

① 按挤出半成品的线速度计算，此法系实测法。即在生产中先测得挤出半成品的线速度及纵长 1m 的质量，再按式(3-4) 计算生产能力。

$$Q＝60vg \tag{3-4}$$

式中　Q——生产能力，kg/h；

　　　v——制品的挤出线速度，m/min；

　　　g——制品单位长度的质量，kg/m。

表 3-14 列出了挤出各种半成品的线速度的推荐值。

表 3-14　挤出半成品的线速度推荐值

半成品种类	挤出线速度/(m/min)	半成品种类	挤出线速度/(m/min)
高级胶管和内胎	6.8	汽车内胎	6～18
汽车垫带	13.5～20	运输带覆盖胶	10～20
实心轮胎	2.5～6	胎面胶	12～24.5

② 按经验公式计算

$$Q＝\beta D^3 n \tag{3-5}$$

式中　β——计算系数，按实际测量得出：热喂料压型挤出机 $\beta=0.00384$；

　　　D——螺杆直径，cm；

　　　n——螺杆转速，r/min。

3.5.4.2 影响挤出机生产能力的因素

影响挤出机生产能力的因素是多方面的，它们包括胶料的性质，加工条件，螺杆、机筒等机器的结构尺寸等。

(1) 螺杆转速与生产能力的关系

螺杆转速 n 与生产能力 Q 成正比关系。

(2) 螺杆的几何尺寸与生产能力的关系

生产能力与螺杆直径的平方成正比，螺杆直径增加，挤出机生产能力大幅度上升，因此，在一定条件下，适当地加大螺杆直径，是提高生产能力的重要途径。

螺纹沟槽深度对生产能力的影响是复杂的，顺流流量正比于螺纹沟槽深度的一次方，而逆流流量却正比于螺纹沟槽深度的三次方。

螺杆的挤出段长度与逆流流量和漏流流量成反比例，因此，当增加挤出段螺杆长度时，总生产能力增加。

(3) 螺杆与机筒的间隙与生产能力的关系

漏流流量与螺杆与机筒间隙的三次方成正比，间隙增加，生产能力明显下降。

（4）机头压力与生产能力的关系

顺流流量与机头压力无关，而逆流流量和漏流流量与机头压力成正比例。因此，机头压力增大会降低生产能力，但它有利于胶料的塑化和提高制品的致密性。

3.5.5　功率

挤出机设备功率的大小主要取决于螺杆的几何尺寸与结构、螺杆转速、挤出压力、胶料黏度、机筒与螺棱的间隙以及挤出产量等。

挤出机的设备功率可按下述经验公式计算。

3.5.5.1　热喂料挤出机的功率

$$N = kD^2 n \qquad (3-6)$$

式中　N——功率，kW；

k——计算系数，由实际测量的常数，$k=0.00235 \sim 0.00295$；

D——螺杆直径，cm；

n——螺杆转速，r/min。

3.5.5.2　冷喂料挤出机的功率

$$N = kD^3 \frac{L}{D} n \times 10^{-3} \qquad (3-7)$$

式中　N——功率，kW；

k——计算系数，$0.055 \sim 0.675$；

D——螺杆直径，cm；

L——螺杆工作部分长度，cm；

n——螺杆转速，r/min。

挤出机带喂料辊的功率比不带喂料辊的要增加10％。同规格的挤出机，冷喂料驱动功率要大。

3.6　安全操作

挤出机安全操作注意事项：

① 在装卸机头和安放口型时严禁开动机台。

② 填料时，必须集中注意力，手不得伸入加料口内，遇到积料停滞时，应用木棒推，防止挤伤手指。

③ 装卸机头时，脚要叉开，双手抱稳机头，要待机头螺丝拧上几圈后，方可松手，防止砸伤脚。

④ 使用多挡变速挤出机，在调速时不得开车。

⑤ 用蒸汽加热机头时，要慎防沸水溅出伤人。

⑥ 挤出机操作场所要有良好的通风、排气及除尘设备。

⑦ 在机器运行过程中，不得调整或修理各运动部件。

⑧ 在机器运行过程中出现下列情况时，应紧急停车，以免发生意外：

a. 出现异常振动和声响；

b. 异物进入机内或发现胶料中有异物时；

c. 供胶中断 2min 以上时；

d. 润滑系统出现故障时；

e. 销钉断裂时；

f. 危及设备和人身安全时。

⑨ 工作结束后，应冷却、清理机器；切断电源、关闭水、汽阀门；清理工作现场等。

3.7　维护和保养

3.7.1　挤出机日常维护保养要点

（1）开机前的检查

① 检查机筒衬套内腔、机头内有无余胶和杂物。

② 检查喂料口内有无杂物。

③ 检查机头组装是否合适、牢固。

④ 检查联系信号和安全装置是否灵敏好用。

⑤ 机器工作时，按工艺要求对机筒、机头和螺杆进行缓慢预热至要求温度。

⑥ 检查润滑系统工作是否正常。

（2）运行时的维护保养

① 机器工作时应在低速启动设备，逐渐调至正常工作速率。

② 机器启动后，空载运行时间不得超过 1min，并禁止反转。

③ 螺杆启动投料后，对喂料辊和喂料机筒通水冷却。

④ 不得投用不符合工艺要求的胶料。

⑤ 工作时严禁用手或其他器具伸入喂料口内帮助送料。

⑥ 经常检查各部位轴承和减速器的温度以及有无异常振动和声响。

⑦ 按规定向各润滑部位加注润滑油。

⑧ 注意观察电流、电压及机头压力变化情况和电机温度。

⑨ 注意保持温控系统工作正常。

（3）停机后的维护保养

① 切断电源、关闭水、汽阀门。冬季需将机筒、机头、螺杆、连接管路及温控装置的水放掉吹净或作特殊保温防冻处理。

② 根据工艺规定，清除机头和机筒内的余胶。

③ 盖好喂料口盖板。

④ 做好交接班工作。

3.7.2　润滑规则

挤出机的润滑规则，见表 3-15。

表 3-15　挤出机的润滑规则

润滑部位	规定润滑油	代用润滑油	加油量	加油或换油周期
主减速器	工业齿轮油 N220		按规定油量	首次两周至 1 个月,正常 6 个月,最长不超过 12 个月
减速器输入端轴承(非自润滑时)				每月检查加油 1～2 次, 3 个月换油 1 次
螺杆径向轴承(固定式结构)				
螺杆径向轴承(浮动式结构)	钙基润滑脂 ZG-5	钙钠基 润滑脂 ZGN-2	适量	
螺杆推力轴承				每班 1 次
喂料辊轴承				
旋转接头轴承				
液压系统	抗磨液压油 N32		按规定	6 个月换油 1 次
电机轴承	钙基润滑脂 ZG-5	钙钠基润滑 脂 ZGN-2	适量	每月加油 1～2 次 3 个月换油 1 次

3.7.3　挤出机日检、周检和月检要求

（1）日检要求

① 检查润滑系统和温控系统有无泄漏。

② 检查各部位轴承温度。

③ 检查减速器润滑油温度。

④ 观察和检查电流、机头压力、温控等指示仪表是否正确有效。

⑤ 检查各部位紧固螺栓有无松动。

（2）周检要求

① 包括日检要求。

② 检查油箱及主减速器的油位。

③ 检查润滑系统、液压系统及温控系统工作是否正常。

④ 检查控制柜及控制线路有无毛病。

⑤ 检查安全联锁装置工作是否正常。

（3）月检要求

① 包括周检要求。

② 检查和清洗液压系统、润滑系统过滤网。

③ 检查喂料辊齿轮磨损情况和喂料辊漏料情况。

④ 检查螺杆与机筒衬套之间的间隙是否在规定范围之内。

3.7.4 挤出机运行中常见故障和处理方法

橡胶螺杆挤出机在运行中的常见故障和处理方法，见表 3-16。

表 3-16 常见故障和处理方法

故障	原因	处理方法
减速器温度过高	油量不足或油中杂质过多,或油黏度太高	停机换油,使用符合要求的油
减速器声音异常	轴承损坏或齿轮损坏	更换轴承或更换齿轮
螺杆刮套严重	螺杆弯曲超差	校正或更换螺杆
螺杆外移	螺杆尾部的键松动	修理或更换螺杆
螺杆尾部机身发热	螺杆尾部与机身配合间隙太小或润滑不良	加大间隙,改善润滑条件
螺杆尾部泄漏	密封不好	修理密封
喂料辊漏胶	返胶螺纹磨平或刮胶刀松动	修理返胶螺纹或调整、固定刮胶刀
喂料辊漏水	O 形圈损坏	更换 O 形圈
挤出能力下降或挤出部件不合格	螺杆与衬套之间的间隙太大	修理、更换螺杆、衬套

3.8 挤出的基本原理

3.8.1 挤出机的基本结构与挤出工艺的关系

挤出机是挤出工艺的主要设备。按喂料形式有热喂料挤出机和冷喂料挤出机；按螺杆数目分单螺杆挤出机、双螺杆挤出机和多螺杆挤出机。表明挤出机技术特征的有螺杆直径、长径比、压缩比、转速、生产能力、功率等。

挤出机结构见图 3-40。由螺杆机筒（又称机身）、机头（包括口型、芯型）、机架、加热冷却装置、传动装置等组成。

螺杆是挤出机的主要工作部件。其螺纹可分为单头、双头、多头和复合等几种。其中单头螺杆适用于滤胶；双头螺杆适用于挤出造型，具有挤出速率快、出料均匀的特点；复合螺杆即加料端为单螺纹，出料端为双螺纹，同时具有便于进料和出料均匀的特点。用于挤出造型的螺杆，其螺距有等距和变距，螺槽深度有等深和变深之分，一般以等深不等距或等距不等深为主，以取得一定的压缩比。

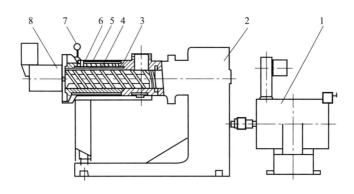

图 3-40　螺杆挤出机

1—整流子电机；2—减速箱；3—螺杆；4—衬套；5—加热（冷却）套；

6—机筒；7—测温热电偶；8—机头

压缩比是指螺杆加料端的一个螺槽容积和出料端的一个螺槽容积之比，它表示胶料在挤出机中可能受到的压缩程度。压缩比越大，半成品致密性越好。一般，热喂料挤出机的压缩比为 1.3～1.4，冷喂料挤出机为 1.6～1.8，而滤胶机压缩比为 1，即没有压缩。为使胶料在挤出机内受到一定时间的剪切、挤压作用，而不至于过热和焦烧，因此，要求螺杆具有适当的长径比和螺槽深度。一般热喂料挤出机的长径比为 4～5.5，冷喂料挤出机为 8～12，甚至有达到 20 的，螺槽深度则约为螺杆外径的 18%～23%。增加长径比，有利于增加胶料塑性和温度的精确控制，使半成品质量提高，对于合成橡胶的顺利挤出具有重要意义。为了适应挤出不同胶种，不同半成品及联动化需要，螺杆转速可分为几挡调节，新型挤出机则是无级调速的。

机筒与螺杆相配合，以保证胶料在压力下移动和捏炼，同时还起加热或冷却作用。机筒后端有加料口，加料口一般与螺杆呈 33°～45° 的倾角，以便于吃料。有时在加料口上方设有旁压辊或筒外导辊，以便于连续供胶。

机头位于机筒前部，并与机筒相连。其主要作用是安装口型并将螺杆挤出的不规则、不稳定流动的胶料引导、过渡为稳定流动的胶料，使之挤向口型时成为断面形状稳定的半成品。根据半成品形状的需要，机头结构有多种：锥形机头用于挤出圆形、小型或空心半成品（如内胎、胶管、密封条等）；喇叭形机头用于挤出宽断面半成品（如轮胎胎面）；T 形和 Y 形机头用于包覆性挤出（如轮胎钢丝圈包胶、胶管外胶及电线、电缆护套层等）；复合机头，即两个以上机头挤出的胶料在同一口型中汇合出料，一般用于复合半成品的挤出（如轮胎胎面二方三块或三方四块，自行车胎胎面二方三块的复合挤出）。

口型安装在机头前，它决定着挤出半成品的形状和规格。口型可以分为两类，一类是挤出中空半成品（如内胎、胶管内胶）用的，由口型、芯型及芯型支架、调整螺丝组成；另一类是挤出实心半成品或片状半成品（如轮胎胎面、胶板、胶条）用的，是一块带有一定几何形状的钢板。

3.8.2　胶料在挤出过程中的运动状态

加入挤出机中的胶料，在转动螺杆的夹带作用下和推挤作用下向前运动，最后通过口型而被挤出，从而获得所需形状的半成品。胶料沿螺杆前进的过程中，受到机械和热的作用后，其黏度逐渐下降，状态发生明显变化，即由黏弹体渐变为黏流体。因此，胶料在挤出机中的运动，既有固体沿轴向运动的特征，又有流体流动的特征。根据胶料在挤出过程中的状态变化和所受作用，一般可将螺杆工作部分大体分为加料段、压缩段和压出段（又称挤出段）三个部分（在冷喂料挤出机中，这三段是比较明显的，而热喂料挤出机不够明显），如图 3-41 所示。

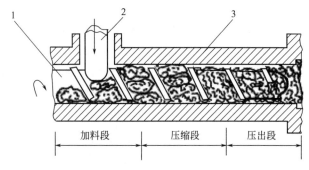

图 3-41　胶料在螺纹槽中的运动状况

1—螺杆；2—胶条；3—机筒

加料段又称固体输送段，是指从加料口到胶料开始软化的这一部位。冷喂料挤出机，此段较长；热喂料挤出机，由于胶料被预先热炼，故此段很短。加料段的作用是供胶和预热胶料。在此阶段中，由于胶料温度较低，黏度较大，因而在螺杆的推挤作用下，胶料在螺纹槽和机筒内壁间作相对运动，不能保证其连续性而形成一定大小的胶团置于螺纹槽和机筒内壁之间，其运动是一边旋转，一边不断向压缩段前进。

压缩段又称塑化段，是指胶料从开始软化起至全部胶料产生流动为止的阶段，一般位于螺杆中部。由加料段输送来的松散胶团在压缩段将被压实和进一步软化，最后形成一体，并将胶料中夹带的空气向加料段排出。由于机筒和螺杆间的相对运动，使逐渐被压缩的胶料不断受到剪切和搅拌，胶温不断升高，胶料的黏度进一步下降，而逐渐形成连续的黏流体，并沿螺纹槽向前连续流动输送至压出段。

压出段又称匀化段，是从全部胶料开始产生流动至螺杆最前端的部位。其作用是将黏流态的胶料进一步均匀塑化、压缩，并输送到机头和口型挤出。在压出段中螺纹槽充满了流动的胶料，在螺杆旋转时，这些胶料沿着螺纹槽推向前进。但当胶料前进时，受到机头和口型的阻碍，产生很大的流体静压力，一方面阻碍胶料的流动，另一方面又推动胶料流过口型。

由于机头和口型压力的存在及螺杆在机筒间的转动作用，胶料在压出段中的流动可分为三个方向的流动：一是在螺纹槽内垂直于螺纹线方向的流动；二是在螺纹槽内平行于螺纹线方向的流动；三是在螺纹突棱与机筒内壁之间平行于螺杆轴方向的流动。具体可包括以下四种流动形式。

（1）正流（称顺流或推进流）

正流是胶料沿着螺纹槽向机头方向的流动，这是由于螺杆的旋转推挤作用而产生的。这种流动对半成品的挤出速率是有利的。由于胶料与机筒（内壁粗糙）之间的摩擦力，因此正流的速度分布是机筒处最大，而螺杆表面处最小（接近零），见图 3-42(1) 所示。

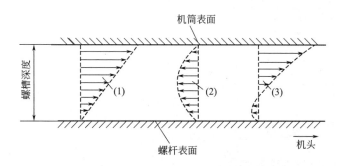

图 3-42　胶料在螺纹槽中的流速分布

（2）逆流(称压力流或倒流）

逆流是指胶料在螺槽中与正流方向相反的流动，这是由机头和口型对胶料的阻力所造成的。由于胶料成黏流态，流动时有"粘壁现象"，所以逆流在螺槽深度方向上的流速分布为凸形，如图 3-42(2) 所示。逆流对半成品的挤出速率是不利的，但却有利于提高胶料的致密性。

正流和逆流合成为净流，其速度分布见图 3-42(3)。

由于机头和口型对胶料的阻力从机头至加料口逐渐下降，因而逆流也从机头到加料口逐渐变小。

（3）横流

横流又称环流，是指胶料在螺纹槽中沿着垂直于螺旋线方向的旋转流动，是螺杆对胶料推挤作用的另一种流动形式，见图 3-43。横流对挤出速率没有影响，但对胶料的混合、热交换及胶料均匀塑化起着重要作用。

（4）漏流

漏流是指胶料在螺杆突棱与机筒内壁间隙中沿着螺杆轴向后的流动，是由于机头和口型对胶料的阻力所产生的一种压力逆流，见图 3-43。漏流对挤出速率是不利的，但因螺杆与机筒内壁间隙很小，因此漏流的流量很小，对实际中的挤出速率影响较小。

胶料在压出段中的流动，是上述四种流动形式的综合，如图 3-44 所示。它们既不会有真正的逆流，也不会有完全封闭形的横流，而是以螺旋形的轨迹在螺纹槽中向前移动。从图 3-44 的流动情况看出，螺纹槽中胶料各点的线速度大小和方向是不同的，因而各点的变形大小也不相同，所以胶料在挤出机中是不断受到剪切、混合和挤压作用的。

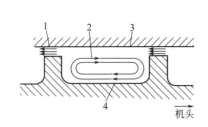

图 3-43　环流与漏流

1—漏流；2—环流；3—机筒表面；4—螺杆表面

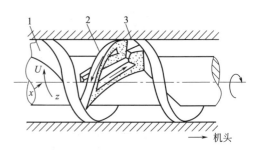

图 3-44　胶料在螺槽中的运动状况

1—螺杆；2—胶料；3—机筒表面

3.8.3　挤出变形

3.8.3.1　胶料在口型中的流动

胶料从螺杆的螺纹槽中被推出后，流入机头内。胶料的流动也由在螺纹槽内的螺旋式向前流动变成在机头中的稳定直线流动。由于机头内表面与胶料的摩擦作用，胶料流动受到很大阻力，因此胶料在机头内的流速分布是不均匀的。例如，挤出圆形断面胶条的机头，中间流速最大，越接近机头内表面流速越小。如图 3-45 所示。

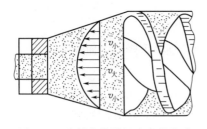

图 3-45　胶料在锥形机头内的流动

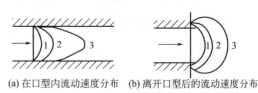

(a) 在口型内流动速度分布　(b) 离开口型后的流动速度分布

图 3-46　胶料在离开口型前后流动速度分布

1,2,3—不同胶料

胶料经机头流过后便直接流向口型，胶料在口型中流动是在机头中流动的继续，为轴向流动。由于口型内表面对胶料流动的阻碍，胶料流动速度也存在着与机头类似的速度分布。只是由于口型横截面比机头横截面小，导致胶料流动速度以及中间部位和口型壁边部位的速度梯度更大，图3-46示出圆形口型中胶料的流速分布。其他形状的口型也存在着类似的速度分布情况，即远离口型处胶料的流动速度大于近口型壁处的流动速度。这就使得胶料离开口型后，中间部位的变形大于边缘部位。

3.8.3.2　挤出变形

胶料的挤出和压延一样，如果是完全塑性，挤出半成品形状和尺寸就和口型的形状和尺寸完全相同。但是，由于胶料是黏弹性物质，使得挤出半成品的形状和尺寸不完全相同。这种经口型挤出后的半成品变形，即长度沿挤出方向缩短，厚度沿垂直于挤出方向增加的性质，称为挤出变形（又称挤出收缩膨胀）。出现挤出收缩膨胀变形的主要原因是：一方面，因为胶料在进入口型之前，由于机头直径大、流速小而进入口型后则变为直径小而流速大，这就造成在口型入口处出现沿流动方向上的速度梯度，这种速度梯度使胶料受到拉伸作用，使之产生弹性变形；但另一方面，口型的厚度一般很小，使得胶料流过口型的时间很短，一般只有几分之一秒，在进入口型时产生的拉伸弹性变形来不及全部松弛，所以胶料从口型挤出后仍具有较大的内应力，即把弹性回复带出口型之外，导致挤出半成品长度收缩、断面膨胀的变形现象。

产生挤出收缩膨胀变形的原因，除上述的"入口效应"之外，另一原因是"剪切效应"。即各流层的速度不同，从而对橡胶分子链产生剪切变形，导致胶料挤出后的弹性恢复。但由于橡胶的挤出口型很短，不像塑料挤出口型那样长，因此引起挤出变形的原因是以"入口效应"为主，而以"剪切效应"为辅。挤出变形现象不仅使挤出半成品的形状与口型形状不一致，而且也影响半成品的规格尺寸。因此，无论口型设计还是挤出工艺中对挤出半成品要求定长时，都必须考虑挤出变形的因素。影响挤出变形的因素很多，主要取决于胶种和配方、工艺条件及半成品规格三个方面。

（1）胶种和配方的影响

不同胶种具有不同的挤出变形，在通用型胶种中，丁苯橡胶、氯丁橡胶和丁基橡胶的挤出变形都大于顺丁橡胶和天然橡胶的挤出变形。见表3-17。

表 3-17　不同胶种的胎面半成品膨胀率

生胶种类	膨胀率/%			
	边缘	胎冠边缘	胎冠	全宽度
100%天然橡胶	33	33	33	98
天然橡胶/丁苯橡胶	33	100	100	95
丁苯橡胶	28	115	120	90

胶料配方中含胶率越高，挤出变形越大。炭黑的结构性和用量增加，可以降低胶料的挤出变形，见表 3-18。白色填料，活性大的挤出变形较小，各向异性的（如陶土等），挤出变形也小。加入油膏、再生胶及其他润滑型软化剂，能增加胶料的流动性和松弛速度，使挤出变形减小。

表 3-18   丁苯橡胶配用不同炭黑的挤出膨胀率   单位：%

用量/份 炭黑品种	25	37.5	50	62.5	70
中超耐磨炉黑	141	100	60	35	23
高耐磨炉黑	122	88	52	36	28
快压出炉黑	144	90	52	18	5
半补强炉黑	142	114	87	52	15
槽法炭黑	140	126	104	84	67

（2）工艺条件的影响

胶料的可塑性越高，弹性越小，胶料流动性越好，挤出变形较小；反之则较大。因此，适当提高胶料可塑度，提高挤出前胶料热炼的均匀性，有利于降低挤出变形。但胶料可塑度不可太大，否则影响半成品挺性和成品物理机械性能。

适当提高机头温度，可以增加胶料的流动性和松弛速度，也可以降低挤出变形。

在挤出温度不变的条件下，挤出速率越快，胶料所受到的瞬时应力越大，挤出变形越大。口型厚度越薄，则胶料通过口型的时间越短，胶料的形变松弛越不充分，挤出变形越大。因此，对挤出变形较大的胶料，采取较慢的挤出速率、适当增加口型厚度，都有利于降低挤出变形。

挤出口型的类型不同，也影响着挤出收缩率，有芯型挤出比无芯型挤出的挤出变形要小。这是因为胶料的回复变形受到芯型的阻力作用之故。口型孔径尺寸相同时，形状复杂者，则挤出变形较小。

此外，若将挤出半成品在带外力的条件下停放或适当提高停放温度，挤出变形也会减小。

（3）半成品规格的影响

相同配方的胶料，由于半成品的规格形状不同，挤出变形也不一样。挤出半成品尺寸越大，挤出变形越小。

总之，影响挤出变形的因素较多，在实际生产中，可以从多方面着手，控制主要因素，兼顾次要因素，就能有效降低挤出变形，获得准确断面、尺寸稳定的半成品。

3.9　口型设计

口型是挤出机的主要部件之一，它决定着挤出半成品的形状和尺寸，因而对挤出工艺的影响很大。由于胶料挤出时挤出变形现象的存在，所以口型的尺寸不能与挤出半成品形状和尺寸相同，见图3-47。要得到一个所要求的形状和尺寸的挤出半成品，必须认真地搞好口型设计。

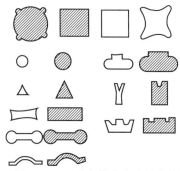

图 3-47　口型和挤出半成品的差异
（有剖面线的是挤出物形状，
无剖面线的是口型）

3.9.1　口型设计的原则

口型设计必须遵循下列基本原则：

① 口型孔径的尺寸应与挤出机螺杆直径相适应。口型孔径太大，导致机头压力不足，而使排胶量多少不一，半成品形状不规整，胶料致密性小。口型孔径太小，会导致胶料在机头中停滞时间太长而引起焦烧。一般挤出实心或圆形断面半成品时，口型孔径宜为螺杆直径的 $\frac{1}{3} \sim \frac{3}{4}$，表 3-19 列出不同挤出机螺杆直径的合适口型尺寸范围。

表 3-19　螺杆直径的合适口型尺寸范围

螺杆直径/mm	口型尺寸/mm	螺杆直径/mm	口型尺寸/mm
35	<12.7	115	38~76
50	12.7~38	150	51~102
85	25~51	230	76~150

挤出扁平形半成品时，由于断面较薄，为了充分发挥设备潜力，可不受表3-19 所限。例如胎面的挤出宽度，一般相当于螺杆直径的 2.5～3.5 倍，见表 3-20。

表 3-20　挤出胎面断面时挤出机螺杆直径与最大挤出宽度

螺杆直径/mm	最大挤出宽度/mm	螺杆直径/mm	最大挤出宽度/mm
115	300	200	700
150	380	250	800

② 口型须设计一定锥角，即口型靠机头内端的口径大，靠排胶口一端的口径小。如图3-48 所示。一般，口型锥角的确立是根据口型的尺寸及挤出胶料的特性而定。锥角越大，则挤出压力越大，挤出速率越快，所得半成品致密性越

好，但挤出变形也越大。

③ 口型内壁应光滑，呈流线型，无死角存在，不产生涡流，以使胶料在整个流动方向上的流动速度尽可能趋向一致。

④ 在口型的边部需根据具体情况开设排胶孔（称流胶孔），以防止胶料在边角处过多积存而产生焦烧或断边现象。一般螺杆直径与口型尺寸相差悬殊时须开设排胶孔，挤出断面不对称的半成品时，在小的一侧开设排胶孔；挤出扁平半成品，须在口型的两侧开设排胶孔；T 形和 Y 形挤出机最易有死角，故应在口型处加开流胶孔。见图 3-49。

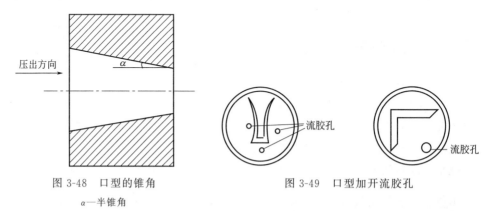

图 3-48　口型的锥角

α—半锥角

图 3-49　口型加开流胶孔

排胶孔的大小，须按挤出半成品尺寸而定，当半成品尺寸越大，则排胶孔越小，甚至可以不开设。

⑤ 口型板的厚度除满足强度需要外，还必须根据半成品形状、尺寸及胶料性质而定。口型板越厚，胶料的挤出变形越小，但焦烧的危险性越大。因而易焦烧的胶料口型板易薄些，而较薄的空心制品或再生胶含量较少的制品，则应选择较厚的口型板，以减少挤出变形。

⑥ 鉴于口型拆装频繁，冷热差也剧烈，口型螺纹很易磨损，加之使用时受到相当高的内压，易偏位，所以螺纹宜粗且深。

3.9.2　口型设计的方法

3.9.2.1　胶料挤出膨胀率的计算

口型尺寸的确定关键在于胶料挤出后的收缩膨胀率。为了表示胶料挤出变形的程度，一般用挤出半成品断面尺寸与口型断面尺寸的百分比表示胶料的挤出膨胀率，可用式(3-8) 表示：

$$B = D/D_0 \times 100\%　　　　　　　（3-8）$$

式中　B——胶料的挤出膨胀率，%；

　　　D——挤出半成品的断面尺寸，mm；

D_0——口型的断面尺寸，mm。

胶料的挤出膨胀率是口型设计的关键参数，其选择正确与否，直接影响口型设计的准确性。但是，要准确地确定胶料膨胀率是比较困难的。确定胶料挤出膨胀率一般有两种方法：一种是依据相同或相似半成品（形状和尺寸、胶料配方、工艺方法和工艺条件相同或相似）的膨胀率来选择，这种方法由于各种因素的差别，误差较大，并受人为经验的影响很大；另一种是在相同工艺方法和工艺条件、相同胶料和近似口型的条件下，通过试验用公式来确定，这一方法的准确度较高，但需经过试验验证。

3.9.2.2 设计方法步骤

由于影响口型设计关键参数——挤出膨胀率的因素很多，因而很难一次性地设计出合格的口型。通常根据口型设计的基本原则，边设计，边试验，边修正，最后获得所需的口型。其设计步骤为：

① 在确定的工艺条件（温度、挤出速率等）下，任选一个口型，用同一配方的胶料挤出一段坯料，计算其挤出膨胀率。

② 依据计算出的挤出膨胀率确定口型样板尺寸，其计算公式为：

$$口型样板尺寸 = \frac{半成品尺寸}{挤出膨胀率} \tag{3-9}$$

若为中空制品（如内胎、胶管等），其口型直径可按式(3-10)确定：

$$口型直径 = \frac{设计内径 + 内胶壁厚 \times 2}{挤出膨胀率} \tag{3-10}$$

而各种实心制品挤出时的板式口型，除需考虑胶料的挤出膨胀率外，还要考虑挤出半成品的断面变形，通常是中间大、边缘小的特点。这类口型的断面形状和半成品的断面形状间的变化规律如图 3-50 所示。

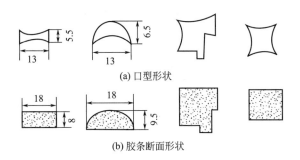

(a) 口型形状

(b) 胶条断面形状

图 3-50 几种实心制品口型和挤出胶条断面形状图

③ 按上述计算所得的口型样板尺寸，制出比其略小尺寸的口型样板。

④ 按相同配方和工艺条件进行胶料半成品试挤出，并测量挤出后半成品各部位尺寸，计算实际挤出膨胀率。

⑤ 根据试验所得的半成品尺寸和实际挤出膨胀率，修正口型尺寸。并进行再试验，再修正，直至达到设计要求。

3.10　挤出工艺方法及工艺条件

挤出工艺主要包括胶料热炼（冷喂料挤出不必经过热炼）、供胶、挤出、冷却、裁断、接取和停放等工序。挤出工艺方法按喂料形式分为热喂料挤出法和冷喂料挤出法。一般挤出操作（除热炼外）均组成联动化作业。

3.10.1　挤出前胶料的准备

3.10.1.1　热炼

热炼主要是为了提高胶料混炼的均匀性和热塑性，以便于胶料挤出，得到规格尺寸准确、表面光滑、内部致密的半成品。热炼一般可分为粗炼和细炼。粗炼为低温薄通（温度为 45℃，辊距为 1～2mm），目的为进一步提高胶料的均匀性和可塑性。细炼为高温软化（温度为 60～70℃，辊距为 5～6mm），目的是进一步提高胶料的热塑性。生产中对于质量要求较低或小规格半成品（如力车胎胎面胶），可以一次完成热炼过程。

用于热炼的设备一般为开炼机，但前后辊的速比要尽可能小。也可以用螺杆挤出机进行热炼。热炼机的供料能力必须与挤出机能力相一致，以免造成供胶脱节或热炼能力剩余等不正常现象。对热炼胶的要求是：同一产品其可塑度、胶温应均匀一致，返回胶的掺和率不大于 30%，并且要求掺和均匀，以免影响挤出质量。

热炼的工艺条件（辊温、辊距、时间）需根据胶料种类、设备特点、工艺要求而定，以胶料掺和均匀并达到要求的预热温度为佳。常用橡胶的热炼工艺条件如表 3-21 所示。

表 3-21　各种橡胶胶料的热炼工艺条件

生胶种类	温度/℃		时间/min	胶片厚度/mm
	前辊	后辊		
天然橡胶	76	60	8～10	10～12
天然橡胶/丁苯橡胶	50	60	8～10	10～12
天然橡胶/顺丁橡胶	50	60	8～10	10～12
丁腈橡胶	40	50	4～5	4～6
氯丁橡胶	<40	<40	3～4	4～6

通常，胶料的热塑性越高，流动性越好，挤出就越容易，但是，热塑性太高时，胶料太软，挺性差，会造成挤出半成品变形、下塌或产生折痕。因此，供挤

出中空制品的胶料，要特别防止过度热炼。

3.10.1.2 供胶

由于胶料挤出为连续生产，因而要求供胶均匀、连续，并且与挤出速率相配合，以免因供胶脱节或过剩影响挤出质量。

供胶方法有人工填料法和运输带连续供胶法。人工填料法是将热炼的胶料割成胶条，进行保温（保温式停放架），再由人工从喂料口填料。人工填料要特别注意胶条保温时间不宜过长（小于 1h），否则会使胶温下降或产生焦烧现象。运输带连续供胶法是采用架空运输带实现连续自动供胶。一般需配一台热炼机作为供胶机，但需注意积胶不宜太多；供胶胶条的宽度、厚度、输送速度等必须依据挤出机的螺杆转速、喂料口尺寸、挤出速率等确定，使其相配合，供胶运输带不宜太长，否则会使胶温下降而影响挤出质量。

3.10.2 挤出工艺方法

3.10.2.1 热喂料挤出法

热喂料挤出法是指胶料喂入挤出机之前需经预先加热软化的挤出方法，所采用的设备为热喂料挤出机。由于胶料预先软化，因而在挤出机中的喂料段很短，不明显。此外，螺杆长径比较小（3～5），挤出机的功率也较小。常用的挤出机规格有螺杆直径为 30mm、65mm、85mm、115mm、150mm、200mm、250mm 等。

热喂料挤出法是目前国内采用的主要挤出方法。其设备结构简单、动力消耗小、胶料均匀一致；半成品表面光滑、规格尺寸稳定。但由于胶料需要热炼，增加了挤出作业工序，使总体的动力消耗大、占地面积大。

热喂料挤出法按机头内有无芯型，可分为有芯挤出和无芯挤出，按半成品组合形式，可分为整体挤出和分层挤出。整体挤出是指用一种胶料一台挤出机挤出一个半成品或由多种胶料多台挤出机，再通过复合机头挤出一个半成品。而分层挤出是指用多种胶料多台挤出机分别挤出多个部件，再经热贴合而形成一个半成品。

（1）挤出工艺条件和操作程序

挤出工艺条件主要包括挤出温度和挤出速率。

为使挤出过程顺利，减少挤出膨胀率，得到表面光滑、尺寸准确的半成品，并防止胶料焦烧，必须严格控制挤出机各部位温度，一般距口型越近温度越高。表 3-22 列出常用橡胶的挤出温度。

挤出速率是以单位时间内挤出半成品的长度（或质量）来表示。与挤出温度、胶料性质和设备特性等有关，一般应视半成品规格和胶料性质而定，通常为 3～20m/min，螺杆的转速应控制在 30～50r/min 为宜。

表 3-22   常用橡胶的挤出温度   单位：℃

部位	天然橡胶	丁苯橡胶	顺丁橡胶	氯丁橡胶	丁基橡胶	丁腈橡胶	乙丙橡胶
机筒	50～60	40～50	30～40	20～35	30～40	30～40	60～70
机头	75～85	70～80	40～50	50～60	60～90	65～90	80～130
口型	90～95	100～105	90～100	<70	90～110	90～110	90～140
螺杆	20～25	20～25	20～25	20～25	20～25	20～25	20～25

挤出操作开始前，先根据技术要求安装上口型（和芯型），并预热机筒、机头、口型和芯型，一般采用蒸汽介质加热至规定温度范围（需 10～15min）。然后开始供胶调节口型，检查挤出半成品尺寸、表面状态（光滑程度、有无气泡等），直至完全符合要求后才能开始挤出半成品。半成品的公差范围根据产品规格和尺寸要求而定，一般小规格的尺寸公差为 0.75mm，大规格的为-1.0～+1.5mm。

挤出完毕，在停机前必须将口型拆除，以便于将留存于机身中的存胶全部清除，以防胶料在机筒残余热量的作用下发生焦烧。但拆除口型是比较费力的，所以在停机前也可以加入一些不易焦烧的胶料，将机筒内原有的胶料挤出再停车。

在挤出过程中，如发现半成品胶料中有熟胶疙瘩及局部收缩，则是焦烧现象，必须即刻充分冷却机身。如焦烧现象严重时，则马上停止装料，停机卸下机头，清除机身中全部胶料，否则会损坏机器。

（2）影响挤出工艺及其质量的因素

影响挤出工艺及其质量的因素主要有胶料的组成和性质、挤出机的规格和特征及工艺条件三个方面。

不同胶种具有不同的挤出性能。胶料含胶率高，挤出速率慢，挤出变形大，半成品表面不光滑。不同补强填充剂挤出性能也不同，炭黑结构性高，易于挤出；各向异性的填料挤出变形小；适当增加填料用量，挤出性能可得到改善，不仅挤出速率有所提高，而且挤出变形减小，但由于胶料硬度提高，挤出生热增加。适当采用软化剂如硬脂酸、石蜡、凡士林、油膏及矿物油等可以加快挤出速率，挤出变形小，半成品表面光滑。掺用再生胶后不仅能加快挤出速率，减少挤出生热，降低挤出变形，而且能增加挤出半成品的挺性。胶料可塑性大，流动性好，挤出速率快，挤出变形小，半成品表面光滑，挤出生热小，但可塑性太大，则挤出半成品缺乏挺性，易产生变形。

挤出机规格太大，则相对口型太小，使机头压力大，挤出速率快，但挤出变形大，同时由于胶料在机头内停滞时间长，易焦烧。相反，挤出机规格太小，则机头压力不足，挤出速率慢，排胶不均匀，半成品尺寸不稳定，且致密性较差；挤出机的长径比大，螺杆长度长，对胶料的作用时间长，胶料均匀性及所得半成品质量好，但易焦烧。螺纹槽的压缩比大，半成品致密性提高，但胶料生热高，易焦烧。

　　挤出温度和挤出速率对半成品尺寸精确性和表面光滑性影响很大。挤出温度过低，则胶料塑化不充分，使半成品挤出变形大，表面粗糙，且动力消耗也大；但挤出温度过高，胶料易产生焦烧。挤出速率过快，挤出变形增大，半成品表面粗糙，挤出生热高，易焦烧；挤出速率过慢，则使生产效率降低。

　　此外，挤出后半成品的接取装置速度应与挤出速率相匹配，否则会造成半成品断面尺寸不准确，甚至表面出现裂纹等弊病。一般接取速率要比挤出速率稍快为宜。

　　影响挤出工艺及其质量的因素是十分复杂的。生产中只有结合胶料的配方和挤出设备的实际情况，才能制定出恰当的挤出工艺条件，制得合乎要求的挤出半成品。

3.10.2.2　冷喂料挤出法

　　冷喂料挤出法是指胶料直接在室温条件下喂入挤出机中的一种挤出方法。与热喂料挤出法相比，胶料在挤出机中有明显的喂料段。此法采用的冷喂料挤出机，长径比很大，一般为 8～16，相当于普通挤出机的两倍以上，压缩比较大，一般为 1.7～1.8，以强化螺杆的剪切和混炼作用，使胶料获得均匀的温度和可塑性。螺杆螺纹有单螺纹和双螺纹两种，前者用于挤出硬性胶料，后者用于挤出塑性高的胶料。螺纹结构一般为等距不等深式。为便于自动加料，在加料口下加装一个加料辊，加料辊与螺杆最末端的三个螺纹并列，加料辊尾部有一联动齿轮，与主轴的附属驱动齿轮相啮合，直接由螺杆轴带动。当加料辊运转时，由于与螺杆摩擦而生热，使冷胶料通过时变热，又由于与螺杆间保持适当的速比，能使胶条匀速地进入螺杆，保证挤出物均匀。加料辊虽是机身的一个部件，但与机身的结合是活络的，可以随意安装或拆开。由于摩擦引起的热量比一般挤出机大，所以，冷喂料挤出机所需功率较大，相当于普通挤出机的两倍。通常使用的冷喂料挤出机规格有 XJW-60、XJW-90、XJW-120、XJW-150、XJW-200 等。

　　冷喂料挤出法和热喂料挤出法相比，由于胶料无须热炼，故简化了工序，节省了人力和设备，劳动力可节约 50% 以上；挤出工艺总体消耗能源少，设施占地面积小；应用范围广，灵活性较大，不存在热炼工序对半成品质量的影响，使挤出物外形更趋一致，而且不易产生焦烧现象；自动化、连续化程度高，但却存在易使挤出物表面粗糙、挤出机昂贵等缺陷。

　　冷喂料挤出工艺与热喂料挤出工艺的区别是在加料前，需将机身和机头预热，并提高转速，使挤出机各部位温度普遍升高到 120℃ 左右。然后开放冷却水，在短时间内（2min），使温度骤降到机头 70℃ 左右、机身 65℃ 左右、加料口 55℃ 左右、螺杆 80℃ 左右，若挤出合成橡胶胶料，加料后可不通蒸汽，甚至还要开放冷却水。天然橡胶胶料进行冷喂料挤出时，则各部位的温度应控制得略高些，机头和机筒还应适当通入蒸汽加热。冷喂料挤出机的温度控制比较灵敏，可通过控制螺杆和机筒温度的匹配，取得挤出质量和塑化质量之间较好的平衡。

3.11 挤出后的工艺

胶料刚挤出后，因半成品刚刚离开口型，温度较高，有时可高达 100℃ 以上，并且挤出为连续过程，故挤出后必须相继进行冷却、裁断、称量和停放等过程。

3.11.1 冷却

冷却的目的：一是降低半成品温度，防止其在存放过程中产生焦烧；二是降低半成品的热塑性和变形性，使其断面尺寸尽快地稳定下来，并具备一定挺性而防止变形。目前，冷却方法有自然冷却和强制冷却两种。自然冷却效果较差，只能用于薄型半成品冷却。对厚制品要进行强制冷却。强制冷却有冷却水冷却和强风冷却，其中以冷却水冷却效果较好。冷却水冷却又有水槽冷却、喷淋冷却和混合冷却三种，其中混合冷却应用较为普遍。在冷却操作时要防止半成品骤冷而引起的局部收缩和喷硫现象，所以先用 40℃ 左右的温水冷却，然后再进一步降至 30～20℃。冷却后的半成品胶温在 40℃ 以下为宜。

挤出大型半成品（如胎面），一般需经预缩处理后再进入冷却水槽，预缩的方法是使半成品进入收缩性辊道，使其沿长度方向进行强制收缩定型，使预缩率达 5%～12%，这样可减少半成品进入冷却水槽后的变形。

3.11.2 裁断

裁断是根据产品施工要求将挤出半成品裁成一定长度，以便于存放和下道工序使用。裁断一般采用机械裁断，有时也可人工裁剪。裁断作业有一次裁断和二次裁断。一次裁断，即裁一次即可达到施工标准要求（如胶管内胶层），这样既省工又可减少返回胶料，但对定长要求高的半成品（如轮胎胎面胶）就必须进行二次裁断，即先裁断成超过施工标准的长度，将半成品停放一段时间后，再进行第二次裁断以达到施工标准长度。

3.11.3 称量

称量是称出挤出半成品单位长度或规定长度的质量，以检查挤出半成品是否符合工艺要求。通常使用自动秤进行称量。

3.11.4 停放

半成品停放的目的是使胶料得到松弛，同时也是为了满足生产管理对半成品储备的需求。停放一般采用停放架、停放车、停放盘等工具。半成品停放温度应保证在 35℃以下，停放时间一般为 4~72h。

实际生产中，挤出半成品的冷却、裁断、称量等均可在联动线上进行。此外，有些挤出半成品还需进行打磨、喷浆、打孔等处理。总之，挤出后的工艺应根据制品的加工及性能要求合理确定。

3.12　常用橡胶的挤出特性

不同橡胶由于结构方面（如分子量分布、取代基特性、分子链支化程度等）的差异，使胶料挤出后的应力松弛速度不同，挤出变形率也不同，一般，合成橡胶的挤出变形均大于天然橡胶（顺丁胶和硅橡胶较小）。合成橡胶的挤出特性普遍表现为断面膨胀率大、黏流活化能较高致使挤出温度较高，胶料的黏度对温度的敏感性较大以及挤出生热较高等。以下将分别简述各种常用橡胶的挤出特性。

3.12.1　天然橡胶

天然橡胶比合成橡胶易于挤出，其挤出速率快、挤出变形较小、半成品表面光滑、尺寸稳定性好、致密性高。

3.12.2　丁苯橡胶

丁苯橡胶由于可塑性较低，挤出比较困难。表现为挤出速率较慢、挤出变形较大、半成品表面较粗糙。因此，常与天然橡胶并用或加入再生胶改善挤出性能。选用快压出炉黑、半补强炉黑、白炭黑、活性碳酸钙等作补强填充剂挤出性能也可得到改善。

3.12.3　顺丁橡胶

顺丁橡胶由于分子量分布较窄，其挤出性能比天然橡胶略差，表现为挤出变形稍大，挤出速率较慢。由于顺丁橡胶的抗热撕裂性能差、对温度敏感、挤出适应温度范围较窄，因此，机头和口型的温度应严格控制在较低范围。此外，采用高结构、多用量的炭黑和适量的软化剂可降低挤出变形。

3.12.4　氯丁橡胶

氯丁橡胶的挤出变形比天然橡胶大，但比丁基橡胶小。由于氯丁橡胶对温度的敏感性强和易焦烧，因此挤出时应利用其弹性态温度范围，一般采用冷机筒（低于 50℃）、热机头（60℃左右）、热口型（低于 70℃）的挤出工艺条件。如果挤出温度过高（超过 70℃）则呈粒状态，不仅会降低螺杆的推进作用，使挤出半成品表面粗糙，而且易产生焦烧现象。

非硫黄调节型氯丁橡胶，由于弹性态温度范围较宽，所以比硫黄调节型氯丁橡胶易于挤出，但由于结晶倾向大，胶料较硬，故挤出变形较大，半成品表面较粗糙。

为改善氯丁橡胶的挤出性能，可在配方中加入滑润型软化剂，如硬脂酸、凡士林、机械油、油膏等，并加入高结构炭黑如高耐磨炉黑、快压出炉黑等。

氯丁橡胶热炼时间不宜太长，挤出半成品需充分冷却，对防止焦烧都是有利的。

3.12.5   丁腈橡胶

丁腈橡胶的可塑性低、生热性大，因而挤出性能差；挤出半成品断面膨胀率大、表面粗糙、易焦烧，故挤出速率应控制得较慢。

为改进丁腈橡胶的挤出性能，在工艺上挤出胶料所用的生胶应充分塑炼，挤出前胶料热炼应均匀、充分。在配方上可适当降低含胶率，加入适当的补强填充剂（如炭黑、碳酸钙、陶土等）和滑润型软化剂（如硬脂酸、凡士林、石蜡、机械油、油膏等）。当挤出温度提高时，丁腈橡胶的挤出速率也相应提高。

3.12.6   丁基橡胶

丁基橡胶的分子链柔性差、生胶强度低、自粘性差，因此挤出困难。其挤出速率缓慢、挤出变形大、生热大。因此，需严格控制挤出温度，机身温度要低，口型温度应高些。

改进丁基橡胶的挤出性能可采用长径比较大（最好是 7～10）的挤出机进行冷喂料挤出。螺峰与机筒的间隙要小（0.125～0.25mm），否则会影响排胶量。配方中采用高填充配合，使用炉法炭黑（如高耐磨炉黑、快压出炉黑等）或加入无机填料（如陶土、白炭黑等）能有效地提高挤出效果。配用一定量（10 份左右）的滑润型软化剂（如石蜡、操作油、硬脂酸锌等）可提高挤出速率。挤出半成品宜急速冷却，以防因机头温度高而使半成品变形。

此外，由于丁基橡胶与其他橡胶的共硫化性差，因此挤出时不能混入其他胶种。

3.12.7   乙丙橡胶

乙丙橡胶比其他合成橡胶容易挤出，挤出速率较快，挤出变形较小。并且，乙烯含量高、分子量分布窄的乙丙橡胶挤出性能好。

应选择低门尼黏度值（40～60 为宜）的乙丙橡胶进行挤出，挤出温度可适当高些，有利于提高挤出速率和降低挤出变形。但挤出速率不能太快，否则，半成品断面膨胀率增大，表面粗糙，尺寸稳定性差。

　　高填充配合，特别是填充高结构炉黑和大量的非补强性炭黑，可获得表面光滑的挤出半成品。填充白色补强填充剂，如钛白粉、滑石粉、碳酸钙等，可提高乙丙橡胶的挤出速率，其挤出速率可超过炭黑胶料。

3.13　挤出工艺质量问题及改进

　　挤出工艺在橡胶制品生产中应用极为普遍，其工艺质量直接影响着制品的质量和生产效率。由于工艺条件掌握不当，挤出半成品常会产生表面粗糙，内部气孔，焦烧、破边及厚薄不均等质量问题，应及时查找原因，进行有效处理。表3-23列出了挤出工艺中可能出现的质量问题及改进措施。

表 3-23　挤出工艺中可能出现的质量问题及改进措施

质量问题	形成原因	改进措施
挤出半成品不光滑	1. 温度低，表面呈粗细不均或麻面状 2. 焦烧 3. 牵引运输带速度慢于挤出速率 4. 胶料预热不均或返回未掺炼均匀 5. 挤出速率过快，使表面出现皱纹 6. 配方不当 7. 胶料可塑性过低	1. 提高机头温度 2. 紧急冷却 3. 提高牵引速度 4. 延长热炼时间 5. 调螺杆转速 6. 改进配方 7. 提高胶料可塑性
焦烧	1. 胶料配合不当，焦烧时间太短 2. 积胶或死角引起 3. 流胶口太小 4. 机头温度太高 5. 螺杆冷却不足 6. 喂料中断，形成空车滞料 7. 挤出后冷却不充分	1. 调整配方 2. 改正口型锥角，定期清除积胶 3. 加开流胶口 4. 降低机头温度 5. 加强螺杆冷却 6. 实现连续定量供胶 7. 加强挤出半成品冷却
起泡与海绵	1. 挤出速率太快 2. 原料中水分、挥发物多 3. 热炼时夹入空气 4. 机头温度过高 5. 分层挤出时与层间贴合不实 6. 供胶不足，机头内部压力不足	1. 调慢挤出速率 2. 加强原料的检验和补充加工 3. 改进热炼操作，采用收敛式螺纹 4. 降低机头温度 5. 加大贴合压辊压力 6. 加大供胶量
条痕裂口	1. 口型内存有杂物 2. 热炼不充分 3. 畸形产品，各部位应力不一致 4. 挤出速率太快 5. 牵引速度太快 6. 胶料热撕裂性能差 7. 口型或芯型表面粗糙	1. 松开口型，清除杂物 2. 加大热炼效果 3. 改进口型设计 4. 降低挤出速率 5. 降低牵引速度 6. 修改配方 7. 检修口型或芯型

续表

质量问题	形成原因	改进措施
规格不符合要求	1. 挤出速率或温度不符合要求 2. 牵引速度太快或太慢 3. 口型或芯型不正 4. 热炼胶温度不符合要求 5. 口型使用过久被磨损或设计不合理	1. 严格控制挤出速率和温度 2. 使牵引速度和挤出速率相一致 3. 调节好口型或芯型的位置 4. 控制供胶温度 5. 重新设计更换口型

4

编织胶管成型设备与制造工艺

4.1 胶管编织机

4.1.1 胶管编织机的用途与分类

（1）用途

用于将纤维线材或钢丝线材交叉编织在胶管的内胶层（或中胶层）外周，作为胶管的骨架层。

（2）分类

胶管编织机一般按所编织的骨架层材料、机台部件的配置方式、编织机构的形式、编织盘的数量进行分类。

① 按所编织的骨架层材料分类。分为钢丝胶管编织机、纤维胶管编织机和通用型胶管编织机。

② 按机台部件的配置方式分类。分为卧式胶管编织机、立式胶管编织机。

③ 按编织机构的形式分类。分为五月柱式（也称∞式）、过线式（也称旋转式）。五月柱式的两组锭子利用编织盘上的∞形轨道以相反方向运动。过线式锭子分成内盘和外盘两组，作相反方向运动，外盘锭子出线摆杆使外盘锭子在内盘锭子出线间作有规则的上下运动。

④ 按编织盘的数量分类。分为单盘编织机、双盘编织机、多盘编织机。

通常所使用的编织机一般为卧式钢丝胶管编织机、卧式纤维胶管编织机、立式纤维胶管编织机。

4.1.2 胶管编织机的型号规格

胶管编织机的规格用其锭子数来表示，其型号采用产品分类中具有代表意义的汉字的汉语拼音打头字母表示。胶管编织机的型号规格表示如图 4-1 所示（以

16 锭卧式纤维、钢丝编织机和 24 锭立式纤维编织机为例)。

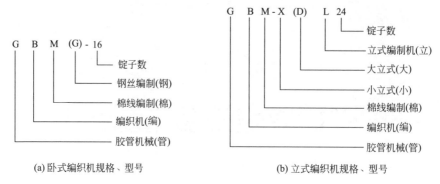

(a)卧式编织机规格、型号   (b)立式编织机规格、型号

图 4-1   编织机规格、型号表示方法

4.1.3　胶管编织机的基本结构

各种编织机的组成基本相同,主要由传动装置、编织机构、锭子、牵引装置、电气控制装置所组成。但其配置方式有所不同,大体上可分为两大类:卧式配置和立式配置。

4.1.3.1　卧式胶管编织机的基本结构

以卧式钢丝编织机为例。图 4-2 为 GBG-36 卧式钢丝编织机,在底座 1 的后端安装了立式机架 2,用于固定编织机构 3,锭子 4 装于编织机构 3 上,机座的前端安装了牵引装置 7,编织机构 3 和牵引装置 7 共用一台电机,通过传动轴 5

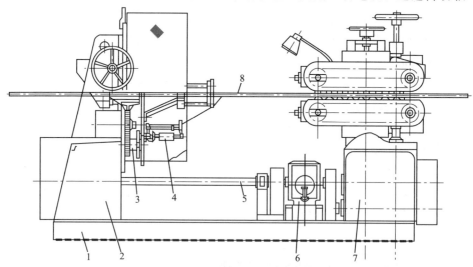

图 4-2   GBG-36 卧式钢丝编织机

1—底座;2—立式机架;3—编织机构;4—锭子;5—传动轴;

6—无级变速器;7—牵引装置;8—编织胶管

使二者保持适当的速比，牵引速度可由无级变速器调节，编织机工作时，胶管内层胶（内有芯棒、软芯或充压缩气体）从编织机构 3 后面送入编织机中心，由编织机构 3 带动锭子 4，按照编织盘上的轨道作相对运动，在锭子运动中，同时放线进行交叉编织，使钢丝在内胶外编织上一层骨架层。编织后的管坯，由牵引装置 7 按一定速度进行牵引。

卧式纤维编织机参见图 4-3。

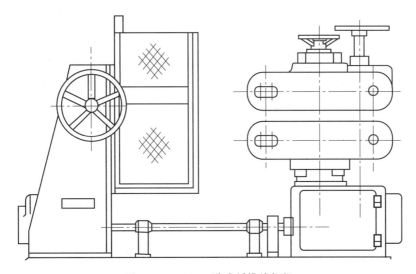

图 4-3　GBM-16 卧式纤维编织机

4.1.3.2　立式胶管编织机的基本结构

立式编织机与卧式编织机的结构组成相同，不同之处主要是编织盘为水平安装，牵引装置安装在机器的顶部。两组锭子在水平的导盘上，沿其轨道作相对运动，进行交叉编织，管坯由牵引装置牵引，由下而上做垂直运动。其工作原理与卧式编织机相同。

图 4-4 为 GBM-XL24 型小立式编织机；图 4-5 为 GBM-DL24 型大立式编织机。

4.1.3.3　通用型胶管编织机的基本结构

通用型编织机为卧式配置，既能进行钢丝编织，又能进行纤维编织，与其他编织机相比作了许多改进：

①　增加了线容量；

②　提高了编织速度；

③　具有角加速度消除机构，避免了线束重合；

④　锭子有张力补偿机构，可均匀放线；

⑤　采用自动循环润滑系统。

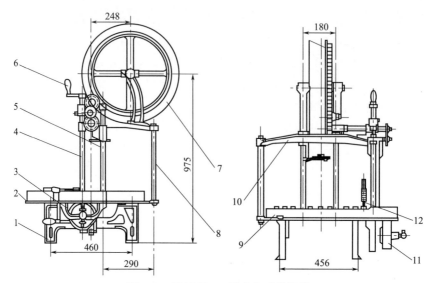

图 4-4   GBM-XL24 型小立式编织机

1—机架；2—底盘；3—轴承托座；4—传动轴；5,8—支柱轴；6—手柄；7—斜形轮；

9—编织机构；10—支柱横梁；11—带轮；12—锭子

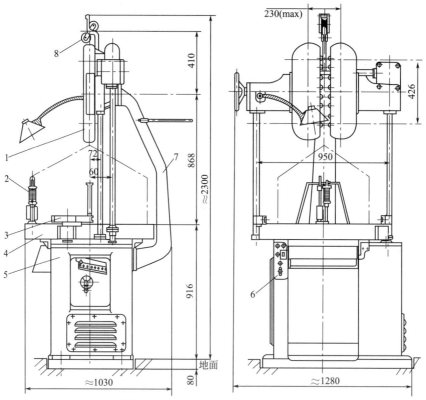

图 4-5   GBM-DL24 型大立式编织机

1—牵引装置；2—锭子；3—断线停车装置；4—底盘；5—变速箱；6—电器箱；7—后支架；8—挡管器

图 4-6 是国产的 GBT-24 通用型编织机。

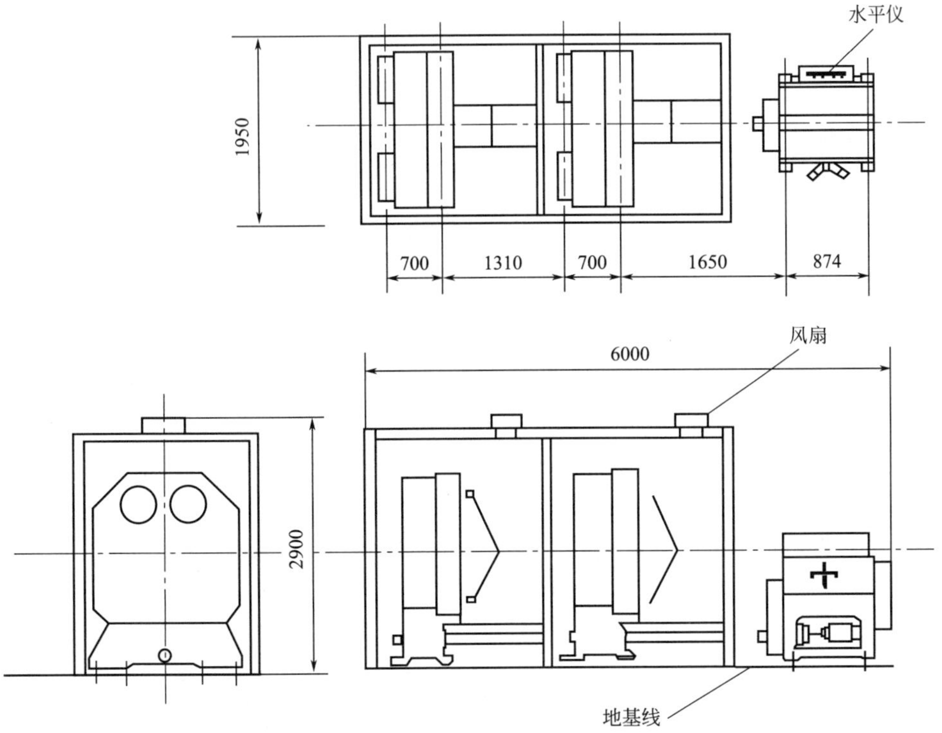

图 4-6　GBT-24 通用型编织机

4.1.4　胶管编织机的工作原理

　　纤维编织机和钢丝编织机的工作原理相同，缠有骨架材料（纤维线材和钢丝线材）的线筒装在锭子上，锭子由传动机构传动，使两组锭子按相反的方向运行，锭子在运转过程中，同时放线，进行交叉编织形成网纹，使骨架材料包覆在管坯上，形成骨架层。

　　图 4-7 是常用的五月柱式编织机，在锭子主体的下端加工有小轴 8 和船形滑块 5，线筒 2 装在锭子 1 上，锭子上有弹簧或重锤，使导出骨架线材具有一定张力。锭子齿轮 7 的上面固定了槽轮 6，导向盘 4 上有正弦曲线状的导向槽 3。工作时锭子尾端的小轴 8 插入槽轮 6 的十字槽内，船形滑块 5 安装在导向槽 3 内，当传动装置 10 驱动锭子齿轮 7 转动时（相邻的锭子齿轮互相啮合），槽轮 6 同时转动，槽轮 6 拨动锭子 1 尾部的小轴 8，使锭子上的船形滑块 5 沿着导向槽环行，导向盘上单数组的锭子沿导向槽作顺时针方向环行，双数组的锭子沿导向槽作逆时针方向环行。在槽轮 6 把锭子尾部小轴 8 送到相邻的槽轮（两槽轮的十字槽相遇）时，由相邻的槽轮把它接过来，此时，由于船形滑块 5 运动方向和自身

的结构使其顺利通过导向槽 3 的交叉部分，小轴 8 便改变运动方向运行，以此使锭子传下去。从而使锭子沿导向槽 3 作正弦曲线状环行。单数和双数两组锭子的互相交叉和正弦曲线状的环行运动，使纤维线材或钢丝线材在胶坯上编织网状的骨架结构。通过牵引装置 11 与编织机构之间的速度调整，使得编织层达到 54°44′的编织角。

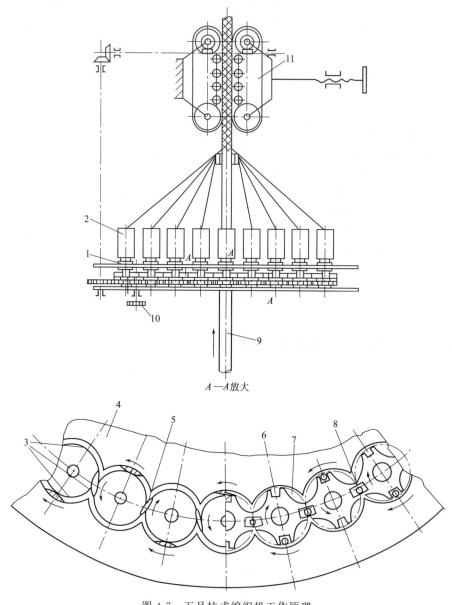

A—A放大

图 4-7   五月柱式编织机工作原理

1—锭子；2—线筒；3—导向槽；4—导向盘；5—船形滑块；6—槽轮；7—锭子齿轮；

8—小轴；9—管坯；10—传动装置；11—牵引装置

4.1.5　胶管编织机的主要技术参数

国产胶管编织机的主要技术参数见表4-1～表4-4。

表 4-1　卧式纤维胶管编织机的主要技术参数

参数名称	GBM-16	GBM-24A	GBM-24×2	GBM-36A	GBM-36×2
编织直径/mm	3.5～15	5.5～17	5.5～17	24～73	24～73
牵引装置形式	履带式	履带式	履带式	履带式	履带式
牵引速度/(m/h)	17～79	18～59	18～59	57.4～174	57.4～174
锭子转速/(r/min)	38.6	25.49	25.49	16.65	16.65
编织行程/mm	7.4～21	12～39	12～39	53～161	53～161
编织角	54°44′	54°44′	54°44′	54°44′	54°44′
电机型号	Y112M-6	Y112M-6	Y132S-6	Y112M-6	Y132M-6
电机功率/kW	2.2	2.2	3.0	2.2	4.0
电机转速/(r/min)	940	940	960	960	960
质量/kg	1300	1400	2400	1800	2800
外形尺寸/mm					
长	2612	2147	3410	2590	4330
宽	1080	1081	1081	1363	1363
高	1642	1513	1513	1572	1572

表 4-2　立式纤维胶管编织机的主要技术参数

参数名称	CBM-XL24	CBM-DL24	CBM-XL36
编织直径/mm	5～20	10～30	10～35
牵引装置形式	鼓式	履带式	鼓式
牵引速度/(m/h)	19.7～44	14～26	14.8～30.4
锭子转速/(r/min)	20～27	6,8,12	7.2
编织行程/mm	16.3～27	28～40	
编织角	54°44′	54°44′	54°44′
电机型号		Y90L-6	
电机功率/kW		1.1	
电机转速/(r/min)		960	
质量/kg	410	2500	
外形尺寸/mm	735×790×1270	1030×1280×2300	1590×1165×1050

表 4-3   卧式钢丝胶管编织机主要技术参数

参数名称	CBM-16	CBM-20	CBM-24A	CBM-36	CBM-48A	CBM-64
编织直径/mm	4～10	6～13	10～31	15～45	30～75	30～110
牵引装置形式	履带式	履带式	履带式	履带式	履带式	履带式
牵引速度/(m/h)	29～55	29～55	18～58	20～59	18.6～102	18.6～102
锭子转速/(r/min)	24.8	19.8	18	10	7.43	5
编织行程/mm	17.5～39	24.6～46.8	22～69	34～98	67～167	67～240
编织角	54°44′	54°44′	54°44′	54°44′	54°44′	54°44′
电机型号	Y132M1-6	Y132M1-6	Y132M1-6	Y132M2-6	Y160L-6	Y180L-6
电机功率/kW	4.0	4.0	4.0	5.5	11	15
电机转速/(r/min)	960	960	960	960	970	970
外形尺寸/mm						
长	2612	2612	2700	2862	3550	4780
宽	1080	1040	1900	1685	2020	2520
高	1640	1702	2110	1702	2310	2710
质量/kg	1300	1500	2000	3300	8000	12000

表 4-4   GBT 型编织机主要技术参数

参数名称	GBT-24	GBT-24×2
编织直径/mm	8～95	8～95
牵引速度/(m/h)	40.3～220	40.3～220
锭子最高转速/(r/min)	37.5	37.5
锭子放线张力/N	16～135	16～135
主电机功率/kW	11	11
外形尺寸/mm	3900×1950×2900	6000×1950×2900
质量/kg	5000	8000

4.1.6   编织机锭子

　　锭子是编织机的主要工作部件，其结构形式较多。编织机结构和用途不同，锭子的结构也不同，主要有棘轮锭子、短筒锭子、摩擦锭子等。图 4-8 是常用的编织机棘轮锭子，表 4-5 列出了其主要技术参数。

表 4-5   常用编织机棘轮锭子的主要技术参数

项目	卧式纤维锭子	钢丝锭子	项目	卧式纤维锭子	钢丝锭子
容线量/kg	0.25	4.5	锭子质量/kg	1.25	0.5
放线张力/MPa	0.1	1	外形尺寸/mm	110×64×300	135×100×349

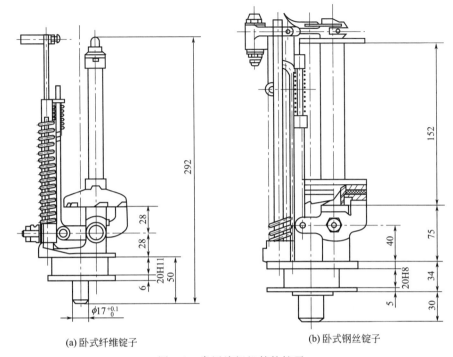

(a)卧式纤维锭子　　　　　　　　　　(b)卧式钢丝锭子

图 4-8　常用编织机棘轮锭子

4.1.7　胶管编织机的安装

4.1.7.1　编织机的组装

编织机在制造厂一般都组装成整机。以下组装程序和技术要求，适用于中小规格的卧式编织机，其他类型的编织机可作为参考。

（1）校正并固定底座

水平度公差≤1.0mm/m。

（2）安装传动部分

先安装电机、传动箱、传动轴及齿链式无级变速器等部件，再安装 V 带带轮、V 带、离心式摩擦离合器、联轴器、变速齿轮等。

技术要求：

① 离合减速器两输出轴的轴线与相应的两传动轴的轴线的同轴度公差≤ϕ0.5mm。

② 当无级变速器的输出轴与牵引部分输入轴采用联轴器连接时，两轴线的同轴度差≤ϕ0.5mm。

（3）安装编织部分

先安装机架和底盘，再安装拨齿轮组件、偏心式手调装置、各种传动齿轮、轴承、轴节等。然后安装托架、支架和前盖板等，最后安装中心架、润滑部件、锭子组件、锭子活门和锭子罩等。

技术要求：

① 底盘与水平面的垂直度公差≤0.08mm。

② 每一桃形盘的外端面在同一垂直平面内，每两个桃形盘外端面高度差＜0.05mm（以导向盘外端面为基准）。

③ 当拨齿轮槽口转到相对位置时，应能完全相对，两槽口中心线应在同一条直线上，其偏差≤0.2mm。

④ 每相邻两个拨齿轮间的中心距偏差≤±0.4mm。

（4）安装牵引部分（履带式）

先安装牵引部分的箱体及内部的传动机构，如传动齿轮、传动轴、轴承、连接件等，再安装支架、上下牵引滑道、升降螺母、螺杆及蜗轮蜗杆、拉伸装置、履带、铜条、压板、滑动轴、链轮、齿轮罩、后盖门、大小手轮等。

技术要求：牵引中心线与导向盘的轨迹中心线的同轴度公差≤ϕ4mm。

（5）安装电气控制装置

（6）组装后的性能要求

① 离心式摩擦离合器的过载保护作用应灵敏可靠。

② 机器应运转平稳，无异常响声、噪声和异常振动现象，其噪声值＜85dB(A)。

③ 各润滑部位油路畅通、润滑良好、无漏油现象，各部位轴承温度不得有骤升现象，温升不得超过40℃，最高温度不得超过65℃。

④ 各手轮、手柄动作平稳，无卡滞现象。

⑤ 各齿轮和蜗轮辐接触良好。

⑥ 电气部分动作可靠，无失灵、误动作和不安全现象。

4.1.7.2　整机的安装

编织机一般整机包装发运、新机进厂后，按基础图和有关技术文件，预先准备好基础，以便安装。整机安装应注意以下几点：

① 安装前，用汽油或纯煤油浸过的布头，从编织机加工面上清除防护物和污物，并注意不要将汽油和煤油落在涂漆表面上。然后用干净的布擦干，并涂以清洁机油以防锈蚀。

② 对于混凝土基础上的地脚螺栓，必须用深孔，基础深度依据当地地质情况而定。而在楼上混凝土地则用透孔。基础需牢固，以免编织机工作时引起振动。

③ 安装时可用楔铁调整，水平仪找正。对于编织部分与牵引部分为分体底座的规格较大的编织机，为调整方便，编织部分地脚可采用可调整垫铁，牵引部

分可采用可调地脚加以调整，并用水平仪校正。

④ 整机安装时底座的夺平度公差≤1.0mm/m。分体底座的编织机其编织部分轨迹中心线对牵引部分中心线的同轴轴度公差≤ϕ4mm。

⑤ 编织机经校正后实现二次灌浆。

4.1.8　胶管编织机的调试

4.1.8.1　试车前的准备工作

① 试车前，必须安全检查，清理现场，做到清洁整齐。

② 试车前，应检查电器控制系统有无故障，电机运转方向是否正确，各传动系统是否灵活可靠，各润滑点是否符合润滑要求。

③ 开车前，进行正、反手动盘车，并安装顺、逆锭子各一件，锭子转动一周以上应无卡滞现象。

④ 手动旋转牵引齿轮、检查牵引链运动是否灵活，检查牵引链夹紧装置的升降是否灵活可靠。

4.1.8.2　试车

（1）空负荷试车

① 装锭子前，空负荷运转 30min。

② 装上锭子，运转 10min。

③ 检查导向盘有无撞击现象，设备运转有无异常声音。

④ 运转状态下调整无级变速器，牵引速度的变化应能达到要求。

⑤ 查紧固件及连接螺栓有无松动现象。

（2）负荷试车

空负荷试车正常后，装上带有编织线材的线轴进行负荷试车，纤维编织机负荷试车时间不少于 3h，钢丝编织机负荷试车时间不少于 4h。

4.1.9　编织胶管成型机的维护和保养

4.1.9.1　生产操作工的日常维护

（1）开车前的检查

① 检查各部位螺栓是否松动。

② 检查各运转部位有无障碍物。

③ 检查各润滑部位有无堵塞现象，箱体内油标是否到位。

④ 检查线轴装入后压盖是否盖好，以防运转中脱落。

⑤ 检查张力弹簧的性能是否良好。

⑥ 检查锭子线轴有无弯曲损伤，锭子滑辊、销子是否有松动、脱落现象。

⑦ 按润滑要求加注润滑油。

（2）运转中的维护

① 开机后注意运转情况，发现异常要立即停车处理。

② 检查各润滑部位情况及温度是否正常。

③ 调节无级变速器必须在运转状态下进行。

④ 运转中机台防护罩上严禁存放任何物品。

（3）停机后工作

① 工作完毕后，立即切断电源。

② 停机后，要立即把牵引链装置放松。

③ 每班次操作完毕后，要清擦设备，全部清理现场，经常保持机台及周围环境的整洁。

④ 停机时间超过一星期的设备，其加工面须涂油防锈。

4.1.9.2　维修工的巡查及定期检查内容

（1）日检内容

① 检查各部位螺栓、销轴有无松动现象。

② 检查各润滑部位供油是否正常。

③ 检查锭子线轴装入后压盖是否盖好。

④ 检查各轴承、轴瓦的温升情况。

⑤ 检查电机的运行情况是否正常。

（2）周检内容

① 包括日检内容。

② 检查电机 V 带的张紧度，摩擦离合器离合情况。

③ 全面检查调整一次锭子，使锭子弹簧张力均匀，锭子上各配件应灵活好用，检查锭子线轴有无损伤，锭子滑辊、销子是否松动、脱落。

④ 检查牵引装置传动箱内蜗轮（锥齿轮）上的棘轮装置是否灵活好用。

（3）月检内容

① 包括周检内容。

② 检查无级变速器调整链条张紧度。

③ 检查牵引链轮磨损情况、履带松紧情况、橡胶块磨损情况。

④ 检查编织机构的齿轮、拨齿轮拨口的润滑及磨损情况。

4.1.9.3　胶管编织机的润滑要求

胶管编织机的润滑要求见表 4-6。

4.1.10　胶管编织机的常见故障与排除方法

各种编织机的常见故障与其结构形式有关，表 4-7 所列的常见故障与排除方法适用于卧式编织机，其他类型的编织机也可参考表 4-7。

表 4-6 胶管编织机的润滑要求

主要润滑部位	润滑油品	加油定量标准	加油及换油时间	加油人
减速器	机械油 N68	按油标	每年一次	维修工
无级变速器	机械油 N68	按油标	每年一次	维修工
蜗杆减速器	机械油 N68	按油标	每年一次	维修工
滚动轴承	钙基脂 ZG-3	适量	6 个月一次	维修工
拨齿轮及拨口				
封闭式	机械油 N68	适量	每班一次	操作工
敞开式	钙基脂 ZG-3	适量	每班一次	操作工
拨齿轮轴套	钙基脂 ZG-3	适量	每班一次	操作工
导向盘面	机械油 N100	适量	每班二次	操作工
牵引滑道	机械油 N100	适量	每班二次	操作工
夹紧装置导轨	机械油 N100	适量	每班一次	操作工
敞开式齿轮副	钙基脂 ZG-3	适量	每班一次	操作工
敞开式蜗轮副	钙基脂 ZG-3	适量	每班一次	操作工

表 4-7 胶管编织机的常见故障与排除方法

现象	故障原因	排除方法
启动困难	1. 电机 V 带松弛 2. 电器发生故障 3. 离合器摩擦片损伤	1. 调整,更换 V 带 2. 排除故障 3. 调换摩擦片
编织行程不等	牵引速度不均匀	调整无级变速器张紧轮
锭子张力不均	锭子弹簧压力不均匀	调整弹簧压力或更换弹簧
锭子座磨损过快	1. 导向盘磨损 2. 拨齿轮拨口槽磨损	1. 修复导向盘 2. 修复拨齿轮拨口
牵引链运转而锭子不运转	离合器手柄没有放在"合"的位置上	将离合器的手柄放在"合"的位置
锭子运转正常而牵引链不运转	牵引部分的蜗轮箱内棘轮机构的弹簧失效或损坏	更换弹簧,调整棘轮爪
牵引链夹持力不够	夹持位置不正确,牵引链橡胶块磨损	调整夹持位置,更换橡胶块

4.1.11 胶管编织机的检修

以下检修内容、检修方法和质量标准适用于中小规格的卧式编织机，其他类型的编织机可作为参考。

4.1.11.1 检修周期

机器的检修周期（按三班运行计）如下：

① 纤维编织机：小修不定期，中修 2 年，大修 6 年。

② 钢丝编织机：小修定期，中修 1.5 年，大修 5 年。

4.1.11.2   检修内容

（1）小修内容

① 检查紧固各部分紧固件。

② 检查清洗润滑部位。

③ 调整或更换 V 带。

④ 检查联轴器柱销，并调整联轴器。

⑤ 检查调整摩擦离合器。

⑥ 检查调整无级变速器链条。

⑦ 检查修理牵引装置下部箱体内棘轮机构。

⑧ 检查修理或更换锭子。

⑨ 检查变速器、减速器的油面高度。

⑩ 检查电气控制部分，更换损坏的电气元件。

（2）中修内容

① 包括小修内容。

② 检查修理电机和电气控制部分。

③ 检查或更换摩擦离合器的芯子或铜瓦。

④ 检查修理或更换离合减速器的齿轮、轴承。

⑤ 调整或更换无级变速器的链条、链轮。

⑥ 检查或更换牵引装置传动箱内的齿轮、轴承，修理或更换损坏的轴。

⑦ 修理或更换编织部分的拨齿轮及传动齿轮部分（包括轴、轴套、轴承）。

⑧ 检查修理导向盘、活门及桃形盘。

⑨ 检查修理或更换牵引部分正反向蜗轮、蜗杆、轴瓦。

⑩ 检查或更换牵引链、链轮、轴、轴瓦及滑道，更换全部橡胶块。

⑪ 全部油路、轴承、轴瓦、减速器、无级变速器清洗、换油。

（3）大修内容

① 包括中修内容。

② 更换导向盘。

③ 检查更换全部拨齿轮部分。

④ 更换锭子。

⑤ 更换牵引链及链板，修理或更换滑道、升降螺母螺杆。

⑥ 修理或更换全部齿轮、轴承。

⑦ 检查更换联轴器、传动轴。

⑧ 检查修理或更换安全防护罩。

⑨ 检查校正机架与编织机构、牵引机构的垂直度、同轴度。

⑩ 机器重新涂漆。

4.1.11.3　主要零部件的检修

（1）导向盘（包括内盘、外盘、桃形盘）

1）检修方法

① 可采用补焊法修复。

② 可采用喷涂法、刷镀法修复。

2）质量标准

① 导向盘轨迹槽宽只准大，且偏差值≤0.30mm；轨迹槽中心偏移≤0.50mm。

② 桃形盘与螺柱方孔径向配合不允许松动，如配合松动，不准加垫片，要进行补焊修复，修复后的配合标准为 H7/h6。

③ 导向盘轨迹处厚度不小于 19.00mm。

④ 修复后的导向盘轨迹端面应保持其曲线的圆滑及相对的尺寸精度。

⑤ 外盘、内盘、桃形盘全部安装后，应在同一平面上，在任意 100mm×100mm 范围内的平面度公差值≤0.05。

⑥ 安装后导向盘平面应与底座基面垂直，在 1000mm 高度测量，垂直度公差值≤2.00mm。

⑦ 导向盘前面平面与牵引中心线应垂直，在 1000mm 高度测量，垂直度公差值≤2.00mm。

⑧ 导向盘轨迹中心线对牵引中心线的同轴度公差值≤ϕ4.00mm。

（2）无级变速器

1）检修方法

① 链条滑片束间隙过大，应采用加调节片的方法调整，加调节片后仍达不到要求时，应更换链条。

② 无级变速器的链轮，要求相对安装准确（齿与相对槽），为保持其原有精度，在装配时不可互换。

③ 链轮磨损后打滑，不允许修复，要成对更换。

④ 调速丝杠与牵引丝杠的螺母应保持原有的相对位置。

2）质量标准

① 链条张紧度为单边下垂 20～30mm。

② 链条滑片束的间隙应保持在 0.05～0.10mm，凭手推的感觉来判断。

（3）锭子

1）检修方法

① 与导向盘、槽轮产生相对滑动的锭子座，磨损后可进行补焊，补焊后进行机加工或人工修复。

② 锭子在轨迹内运行必须平稳、灵活，无卡滞现象。

2）质量标准　锭子座柳叶长度、厚度，锭子座运行滑道宽度，锭子座根部圆柱直径的公称尺寸及偏差值应达原设计要求。

（4）牵引机构

1）检修方法　对牵引链滑架导轨，可通过将磨损的导轨面刨削后镶补的方法使之恢复至原结构尺寸，可选用铸造青铜或工程塑料。

2）质量标准　修复后的牵引链导轨平面应平直，以保证牵引链的平稳运行；导轨平面粗糙度 Ra 的最大允许值为 $3.2\mu m$。

（5）锭子槽轮拨口

可采用补焊法修复，修复后拨口宽度应满足原设计要求。

（6）齿轮离合减速器

轴承损坏和齿轮磨损过度时应更换。箱体变形可采用刮研的方法修整。齿轮的检修按齿轮标准执行。

（7）拨齿轮及其他传动齿轮

拨齿轮不得有划痕、裂纹、断裂和严重点蚀、胶合等缺陷。齿轮节圆处齿厚的最大磨损量不大于齿厚的 $1/6$，否则应更换。

（8）各润滑点

修复后的导向盘轨迹处，离合减速器、轴承及各部分齿轮润滑应充分。轴承压盖、油杯及箱体、油管、接头等处不得漏油。

4.1.11.4　检修后的试车和验收

机器经检修后应进行试车，并办理验收手续。检修后的试车可按本章第4.1.8节"胶管编织机的调试"进行。经试车合格后可办理验收手续。

4.2　线材合股机

4.2.1　纤维线材合股机

（1）用途

纤维线材合股机主要将纤维线材合股，并将合股后的线材缠卷在合股线管上，供编织机使用。

（2）基本结构和工作原理

纤维线材合股机中主要有 2 个并线机头的合股机和 3 个并线机头的合股机，其结构形式不同。图 4-9 为 GHM-2×6 型两个并线机头的纤维线材合股机，它主要由传动装置 1、机架 2、排线缠线装置 4、断线停车装置 5、导开装置 6 和 7、电气部分 8 等组成。

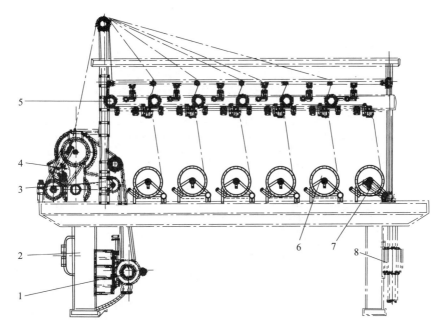

图 4-9   GHM-2×6 型纤维线材合股机
1—传动装置；2—机架；3—下导轨部分；4—排线缠线装置；5—断线停车装置；
6,7—导开装置；8—电气部分

　　导开装置和断线停车装置分两组，对称地安装在机架的左右两侧，并对准其缠线装置。

　　导开装置主要用于合股前单根线的导出，并利用制动板通过拉力弹簧施力于线筒，使线材导出时具有一定的张力，并使每根线导出时张力一致。工作时，当任何一根线断线时，由断线停车装置控制自动停车。排线缠绕装置可将合股线呈十字交叉型缠卷在线管上，线材缠满时能自动停车。

（3）主要技术参数

GHM-2×6 型纤维线材合股机如下：

缠卷长度	115mm
缠卷直径	75mm
合股线管内径	10.5mm
合股线管长度	145mm
同时安装合股线锭数	2
单根线锭最大直径	150mm
单根线锭最大长度	175mm
单根线管尺寸	
最长	175mm

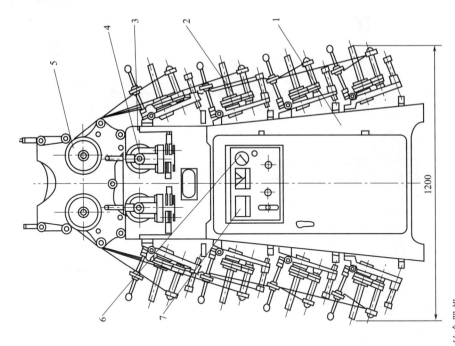

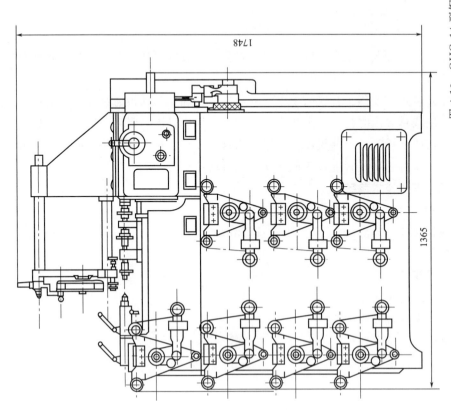

图 4-10　GHG-14 型钢丝合股机

1—机身和传动部分；2—导开装置；3—变速箱；4—卷线装置；5—导线装置；6—操纵机构；7—电气部分

　　内径　　　　　　　　　12.5mm

　　缠线螺距　　　　　　　44.6mm

　　缠线最大合股线锭转速　536r/min

　　每个线锭合股最多根数　6

电机

　　型号 Y90L-6

　　功率 1.1kW

　　转速 910r/min

　　外形尺寸 1900mm×680mm×1500mm

　　质量 367kg

4.2.2　钢丝线材合股机

（1）用途

　　钢丝合股机主要将一定直径和一定根数的钢丝合成股，并将合股后的钢丝缠于锭子盘的线管上，供编织机使用。

（2）基本结构和工作原理

　　钢丝合股机的结构形式较多，主要有双面双卷轴钢丝合股机、单面双卷轴钢丝合股机，它们的结构形式不同，但其组成部分基本一致。下面以 GHG-14 型双面双卷轴合股机为例说明其基本结构和工作原理。如图 4-10 所示，该机主要由导开装置 2、导线装置 5、卷线装置 4 及传动装置所组成。导开装置安装在倾斜的机座的两侧，每侧装有 7 套。钢丝锭子自由插在导开装置的锭轴上，由于锭轴向上倾斜，而不会使锭子自行脱落。导开装置上装有制动器，当钢丝经过导线装置的过线轴时，通过调节制动装置，可使导出的钢丝具有一定的张力，且保证所引出的各线张力一致。从钢丝筒上导出的单根钢丝经过导线装置整直后，由卷曲机构进行卷取。

（3）主要技术参数

　　钢丝合股机的主要技术参数见表 4-8。

表 4-8　钢丝合股机主要技术参数

参数名称 \ 型号	GHG-12	GHG-12A	GHG-14
同时合股钢丝根数	2～12	2～12	2～14
钢丝直径/mm	0.25～0.5	0.3～0.6	0.25～0.5
锭轴转速/(r/min)	670,100,1250	125～1250	177～568
螺距可调范围/mm	1.4,0.94,0.75;3,2, 1.6;6.3,4.2,3.4	0.1～20	

续表

参数名称 \ 型号	GHG-12	GHG-12A	GHG-14
合股效率/(m/h)	7300～13620	1569～15600	3000
电动机型号	Y90L-2	YCT160-4A	Z2-31-D2
功率/kW	2.2	2.2	1.5
外形尺寸/mm	1708×1544×1582	1708×1544×1582	1365×1200×1748
质量/kg	2000	2000	1500

4.3 编织成型联动生产线

为提高生产效率，根据骨架层的层数，可将几台编织机与辅助机械组合到一起，组成编织成型联动装置，以下介绍三种编织联动装置，仅供参考。

4.3.1 软芯-冷冻法编织钢丝编织胶管联动装置

这种联动装置如图 4-11 所示，主要由导开架 1、冷冻装置 2、第一台编织机 3、加热装置 4、包中胶片装置 5、第二台编织机 7、牵引装置 8、卷取装置 9 等组成。

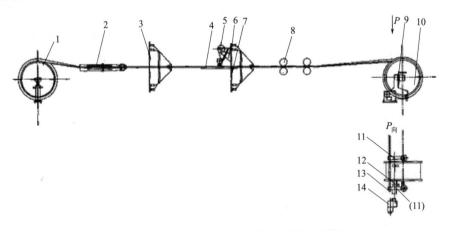

图 4-11 软芯-冷冻法编织钢丝编织胶管联动装置
1—导开架；2—冷冻装置；3—第一台编织机；4—加热装置；5—包中胶片装置；6—中胶片；
7—第二台编织机；8—牵引装置；9—卷取装置；10—圆鼓；11—支架；12—螺杆；
13—导轨；14—电动执行器

先用挤出机将内胶层包覆在软芯上（软芯为橡胶或尼龙制成，中心有钢丝绳加强），并卷取在圆鼓上。将圆鼓放在联动装置的导开架上，在编织机牵引装置牵引下，将其导开，按工艺流程进行编织。导开后的内胶管坯经冷冻装置 2 冷冻，温度急剧下降，使内胶变硬，提高内管坯的刚性，以防止在编织张力的作用下内胶层变形。冷冻装置通常有氟利昂冷冻机、干冰冷冻装置和液氮冷冻装置等。冷冻条件视冷冻装置和胶管规格而定，几种不同规格胶管的冷冻条件列于表 4-9，仅供参考。

表 4-9　几种不同规格胶管冷冻条件

胶管内径/mm	室温/℃	低温室（管道）内温度/℃	内胶片坯冷却温度/℃
6.3	20～35	−130～−80	0
9.5	20～35	−100～−70	5
12.7	20～35	−80～−60	10

管坯经冷冻后进入第一台编织机编织第一层骨架层，再由加热装置加热升温，以防止钢丝骨架层锈蚀。加热装置一般为弧形夹套加热槽，夹套内通蒸汽，温度保持在 80℃左右。经加热的管坯由包胶片装置包胶片，同时由第二台编织机编织第二层骨架层。包胶片装置固定在第二台编织机上，使用的胶片卷有带垫布的和不带垫布的两种，当使用带垫布的胶片卷时，从胶片卷导出的胶片包覆在管坯的第一层骨架层外周，而垫布则由管坯（未包中胶片）带动卷取。编织好的管坯经牵引装置牵引，由卷取装置卷取。卷取装置主要由圆鼓 10、支架 11、螺杆 12、导轨 13、电动执行器 14 等组成，圆鼓 10 安放在支架 11 上。卷取时电动执行器 14 带动带键槽的螺杆 12 转动，推动支架 11 沿导轨 13 及地面进行轴向移动，同时拖动圆鼓转动进行卷取，使管坯整齐地排列在圆鼓上。

4.3.2　无芯法编织纤维、钢丝编织胶管联动装置

这种联动装置如图 4-12 所示，它主要由导开装置 1、编织机 2、涂胶浆槽 3、干燥箱 4 及卷取装置 5 等组成。

胶管的内胶层缠卷在导开装置 1 的圆鼓上，编织前内胶层内部充入 0.02～0.05MPa 的压缩空气，而后进入编织机 2 编织骨架层，编织好的管坯经涂胶浆槽 3 涂胶，经干燥箱 4 干燥，最后经卷取装置 5 卷取。

这种联动装置一般用于规格为 ϕ5.5～25.4mm 的编织胶管、编织纤维或钢丝骨架层，编织机规格一般选用 24 锭或 36 锭。

涂胶浆槽内的涂胶辊 6，由电机经减速器和链条驱动，当其转动时，不断搅动胶浆，并把胶浆涂在胶管上。

干燥箱 4 用压缩空气（0.4～0.6MPa）加热管坯，压缩空气经过空气过滤器 14 去除水分及杂质，进入空气加热器 11，由管状加热器 12 加热后，由干燥箱内的环行管 10 喷向管坯外周进行干燥。干燥箱中的空气用鼓风机 16 循环，其温度

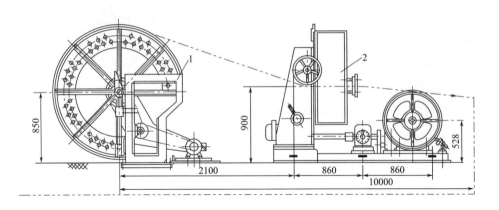

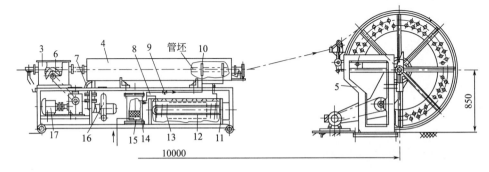

图 4-12　无芯法编织纤维、钢丝编织胶管联动装置

1—导开装置；2—编织机；3—涂胶浆槽；4—干燥箱；5—卷取装置；6—涂胶辊；7—风门；

8,9—阀门；10—环形管；11—加热器；12—管状加热器；13—螺旋管；

14—过滤器；15—硅胶及铜丝网；16—鼓风机；17—电机

可由风门 7 调整。

　　导开装置 1 和卷取装置 5 的结构基本相同。主要由底座、机架、升降汽缸、开口轴承、导开和卷取用的圆鼓、排管装置、计数器、直流电机等组成。左右机架装于底座上，其上有用汽缸升降的开口轴承，可以把圆鼓从地面升起或降下，并用气动插销锁将其锁紧，防止圆鼓意外落下。排管装置和计数器可将管坯整齐地排列在圆鼓上，并可测量胶管长度。导开和卷取速度可用直流电机调速，与管坯的牵引速度相匹配。

4.3.3　无芯-半硫化法编织钢丝编织胶管联动装置

　　这种成型工艺内层胶需在半硫化状态下进行编织，经半硫化的内层胶内充入 $0.02 \sim 0.05 MPa$ 的压缩空气，用砂轮将内层胶外表面磨毛后，在编织机上包上胶片并编织骨架层，编织好的钢丝骨架层的管坯，通过排气挤出机包覆外胶后，由卷取装置卷取送往硫化。

4.4 胶管编织机的选用

选择胶管编织机时主要考虑的问题有：编织机的主要参数、所编织胶管的骨架层材料、胶管的结构参数、工艺特点、经济性等。

4.4.1 编织胶管成型机的可编参数

（1）编织直径

各种编织机的可编直径都具有一定的范围，常用编织机的编织直径见表 4-1 至表 4-4。编织机的可编直径也可按下列各式计算。

纤维编织机的最小编织直径：

$$D_{M,min} = \frac{Nndc'}{2\pi\cos\alpha} \tag{4-1}$$

钢丝编织机的最小编织直径：

$$D_{G,min} = \frac{Nd}{2\pi\cos\alpha}(n+0.73) \tag{4-2}$$

钢丝编织机的最大编织直径：

$$D_{G,max} = \frac{N}{2\pi\cos\alpha}(nd+1.0) \tag{4-3}$$

式中　$D_{M,min}$——纤维编织机最小编织直径，mm；

　　　$D_{G,min}$——钢丝编织机最小编织直径，mm；

　　　$D_{G,max}$——钢丝编织机最大编织直径，mm；

　　　N——编织机锭子数；

　　　n——每个锭子的编织线的根数，根；

　　　d——编织线直径，mm；

　　　α——编织角度，（°）；

　　　c'——编织时编织线受挤或压扁的修正系数（按线材或编织张力的大小而定，一般取 0.95～1.25）。

（2）编织行程

编织行程是编织过程中所控制的主要参数，它是指编织机锭子在导盘上转一周胶管沿轴向前进的长度，等于编织线的节距。

卧式和立式纤维胶管编织机的编织行程范围见表 4-1 和表 4-2；卧式钢丝胶管编织机的编织行程范围见表 4-3。

编织行程也可以按式（4-4）计算。

$$T = \pi D_j\cot\alpha \tag{4-4}$$

$$D_j = D_n + 2\delta_n + \delta_b \tag{4-5}$$

式中　T——编织行程（编织线的节距），mm；

　　α——编织角度，(°)；

　　D_j——胶管计算直径，mm；

　　D_n——胶管内径，mm；

　　δ_n——内胶层厚度，mm；

　　δ_b——编织层厚度，mm。

当 $\alpha = 54°44'$ 时，式(4-4)可简化为：

$$T = 2.2D_j \tag{4-6}$$

编织行程与牵引装置的牵引速度成正比，调节牵引速度就可以达到调节行程的目的。不同的牵引装置其行程的调节（也就是牵引速度的调节）方法不同。一般四辊式牵引装置可改变调速齿轮的速比。鼓式牵引装置可由齿链式无级变速器来调节。对机械履带式牵引装置当行程变化小时可通过齿连式无级变速器来调节；当行程变化大时，需改变调速齿轮的速比。气动履带式牵引装置是通过无级变速器和变速机构来调节的。对装有调速齿轮的牵引装置，其行程与变速齿轮的齿数有如下关系：

$$\frac{T_1}{T_2} = \frac{A_1 B_2}{A_2 B_1} \tag{4-7}$$

式中　T_1, T_2——调节前后的行程，mm；

　　A_1——行程为 T_1 时的主动调速齿轮齿数；

　　B_1——行程为 T_1 时的从动调速齿轮齿数；

　　A_2——行程为 T_2 时的主动调速齿轮齿数；

　　B_2——行程为 T_2 时的从动调速齿轮齿数。

（3）编织密度

编织密度是指编织线所遮蔽的表面与编织胶管的整个被编织表面的比例，用百分数来表示。编织密度越小，编织的平均缝隙越大，当编织密度达100%时，编织将无缝隙。

但由于编织结构中，两组股线以相反的方向相互分割、交错叠压，从而形成网纹，它们之间必有缝隙。在纤维编织中，因纤维有压扁和较大的变形，缝隙较小。但如果编织线没有足够的地方放置，将由于编织线的相互挤压而使编织表面粗糙。因此，纤维编织结构中通常取间隙量为 $0.04d$。钢丝编织中，不存在压扁变形，由于钢丝的弹性变形作用，其最小间隙为 $0.73d$。一般在编织胶管结构中，纤维线的编织密度为70%～90%。钢丝的编织密度为70%～80%。

纤维编织机的最大编织密度按式(4-8)计算，它的实际意义是每个锭子上的最多线数。

$$n_{\max} = \frac{2\pi D_{\mathrm{j}} \cos\alpha}{Ndc'} \qquad (4\text{-}8)$$

式中 $n_{\max}$——最大编织密度，根；

$\quad N$——锭子数；

$\quad d$——编织线直径，mm；

$\quad \alpha$——编织角度；

$\quad D_{\mathrm{j}}$——计算直径，按式(4-5)计算；

$\quad c'$——编织时编织线受挤或压扁的修正系数（按线材或编织张力的大小而定，一般取 $0.95\sim1.25$）。

钢丝编织机编织密度可按式（4-9）计算，它的实际意义是最小行程与实际编织行程的比值。

$$M = \frac{T_{\min}}{T} \times 100\% = \frac{Nd}{2\pi D_{\mathrm{j}} \cos\alpha}(n+0.73) \times 100\% \qquad (4\text{-}9)$$

式中 M——编织密度；

$\quad T_{\min}$——最小编织行程，mm；

$\quad T$——编织行程，按式(4-4)计算；

$\quad N$——编织机锭子数；

$\quad n$——每锭的钢丝根数；

$\quad d$——编织线直径，mm；

$\quad \alpha$——编织角度；

$\quad D_{\mathrm{j}}$——计算直径，按式(4-5)计算。

4.4.2 胶管编织机的选择原则

胶管编织机的选择原则是：使编织机的可编参数与所编织的胶管的结构参数相适应。根据胶管编织机的可编直径、编织行程和编织密度，来综合判断所选用的编织机是否满足实际生产的要求。

（1）纤维胶管编织机的选择原则

选择纤维胶管编织机时应本着下列原则：胶管的计算直径 D_{j}>编织机的最小编织直径 $D_{\min}$，编织行程 T>编织机的最小编织行程 $T_{\min}$，编织线的密度 n<编织机的最大编织密度 $n_{\max}$，若 $D_{\mathrm{j}}<D_{\min}$，$T<T_{\min}$，$n>n_{\max}$，则所选编织机不合适，应另选小于原锭子数的编织机，或在胶管使用性能允许的情况下，改变编织角度或其他允许变更的结构参数。

（2）钢丝胶管编织机的选择原则

选择钢丝编织机时应使胶管的计算直径和编织行程在编织机的可编范围内，即：

$D_{min}<D_j<D_{max}$，$T_{min}<T<T_{max}$，否则应另选编织机或每个锭子上的钢丝根数。

4.5 编织胶管的结构与结构参数

4.5.1 编织胶管的基本结构

编织胶管的结构，根据所使用的骨架材料不同，可分为纤维编织胶管和钢丝编织胶管。

（1）纤维编织胶管的结构

纤维编织胶管由内胶层、纤维编织层（棉纤维、人造纤维、化学纤维等）和外胶层组成。若是多层编织，其编织层之间要加中间胶层或涂胶浆层（图 4-13）。

（2）钢丝编织胶管的结构

钢丝编织胶管由内胶层、钢丝编织层和外胶层组成。编织层多时，各编织层之间一般用中间胶结合（图 4-14）。

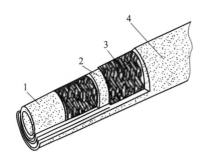

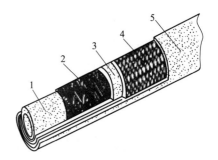

图 4-13 纤维编织胶管结构

1—内胶层；2—中胶层；
3—纤维编织层；4—外胶层

图 4-14 钢丝编织胶管结构

1—内胶层；2,4—钢丝编织层；
3—中胶层；5—外胶层

4.5.2 编织胶管的结构特点

（1）承压性能

由于骨架层以平衡角（$54°44'$）在管坯上交织而成，在承压时，其扭转、膨胀、伸长及收缩率小，抗冲击性能好，相对承压强度高。纤维编织胶管一般在低压下使用，钢丝编织胶管可在高压下使用。

（2）耐曲挠性能好

胶管在使用时，具有很好的柔软性和弯曲性，弯曲半径小，弯曲时不易打褶，便于安装使用。

（3）材料利用率高

与夹布胶管相比，骨架材料的强度可以得到充分发挥，承受相同压力时，管体重量轻。

（4）编织胶管的缺点

骨架层附加一定的弯曲压力，使用时会使各线之间相互摩擦，相互切割，易使骨架材料早期损坏。这主要是由编织层各线呈交织状态所致。因此在成型胶管时应采取必要的措施加以弥补。如合理选择编织机、保持编织张力一致、尽量减少交织点等。

4.5.3　编织胶管的结构参数

（1）胶层厚度

编织胶管的胶层厚度（包括内胶层、中胶层、外胶层），依胶管的规格不同和使用性能不同而不同。各胶层厚度可按产品标准的规定进行选定，也可以根据产品的使用要求和结构特点进行确定。

（2）编织角

胶管通过编织机编织过程中，两组编织线以相反的螺旋方向，在管坯上形成了交叉网纹结构（图 4-15）。当编织角 $\alpha = 54°44'$（平衡角）时，胶管承压时周向和轴向尺寸不变（不考虑骨架层材料本身的伸长），骨架层的承压能力达到最佳效果。当 $\alpha > 54°44'$ 时，胶管在承压下直径变小，长度增加。当 $\alpha < 54°44'$ 时，胶管在承压下直径变大，长度缩短。因此，对没有特殊要求的胶管，工程上通常都取编织角 $\alpha = 54°44'$。

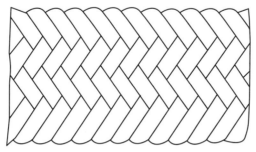

图 4-15　交叉网纹结构

（3）编织层数

对编织胶管，当一层骨架层满足不了要求时，可选用两层编织层。当选用两层编织时，为使内外骨架层协同受力，应使内编织层的角度略小于平衡角，外编织层的角度略大于或等于平衡角，使综合平衡角等于 $54°44'$，更好地发挥骨架层材料的作用。若两层编织还满足不了要求时，一般应从材料或结构上予以重新考虑，其次才是考虑采用多层编织问题，因三层以上的编织结构中，在理论上平衡很困难，不能充分发挥各编织层的最佳承压效果，尤其是钢丝编织还会给组装总成带来麻烦，因此应尽量少采用或避免采用多层编织。

（4）编织线的节距

在编织胶管结构中，编线随锭子按一定的编织角沿管坯表面连续缠编，编织线的节距为编织线缠编一周沿其轴向所产生的缠距，它在数值上等于编织行程，其大小可按式（4-4）计算。

（5）编织层线材密度

编织层线材密度与4.4.1节所介绍的编织机编织密度的概念相同。

4.6 编织胶管的耐压强度

编织胶管的耐压强度与胶管规格、编织层的材料、编织层数、编织密度及编织角等诸多因素有关。纤维编织和钢丝编织的耐压强度计算公式基本相同，只是修正系数不同。

4.6.1 纤维编织胶管的耐压强度

纤维编织胶管的耐压强度可按式（4-10）计算：

$$p_B = \frac{F}{\pi\cos\alpha_0} \times \frac{NnK_Bi[C]}{D_j^2 C_3^2} \tag{4-10}$$

当 $\alpha = \alpha_0 = 54°44'$（平衡角）时，式（4-10）简化为：

$$p_B = 0.735\frac{NnK_BiC_2}{D_j^2 C_3^2} \tag{4-11}$$

$$C_3 = 1+\varepsilon$$

式中　p_B——胶管耐压强度，MPa；

　　K_B——编织线强度，N/根；

　　N——编织机锭子数；

　　n——每个锭子编织线根数；

　　i——编织层数；

　　D_j——计算直径（取编织层中径），mm；

　　α_0——编织角度；

　　F——修正系数；

　　$[C]$——修正系数；

　　C_2——修正系数（考虑骨架层壁厚和骨架层不均匀性的影响），见表4-10；

　　C_3——修正系数（考虑胶管爆破时骨架层材料伸长变化的影响）；

　　ε——编织线扯断伸长率，%。

表 4-10　修正系数 C_2

编织层数	C_2	编织层数	C_2
1	0.90~0.95	3	0.75~0.85
2	0.85~0.90	4	0.65~0.75

4.6.2　钢丝编织胶管的耐压强度

钢丝编织胶管的耐压强度一般按式(4-12)计算：

$$p_{\mathrm{B}} = \beta \frac{F}{\pi\cos\alpha_0} \times \frac{NnK_{\mathrm{B}}[C]}{D_{\mathrm{j}}^2 C_3^2} \tag{4-12}$$

当 $\alpha = \alpha_0 = 54°44'$ 时，式(4-12)简化为：

$$p_{\mathrm{B}} = 0.735\beta \frac{NnK_{\mathrm{B}}C_4}{D_{\mathrm{j}}^2 C_3^2}$$

$$C_4 = 1 - A(n-1) \tag{4-13}$$

式中　C_4——修正系数（考虑平行排列线材非同时破断时耐压强度的影响）；

　　　C_3——符号意义同式(4-11)，由于钢丝的伸长率很小，可取 $C_3 \approx 1$；

　　　β——计算系数（不同编织层数的计算系数见表 4-11）。

对钢丝 A 取 0.015。

式(4-12)和式(4-13)的其他符号意义与式(4-10)及式(4-11)相同。

表 4-11　计算系数 β 值

编织层数	计算系数 β	编织层数	计算系数 β
1	1.0	3	1.75
2	1.50	4	1.875

4.7　编织胶管成型工艺

编织胶管的成型方法有硬芯法、软芯法和无芯法。目前应用软芯法生产编织胶管的较多。

4.7.1　编织胶管成型工艺流程

4.7.1.1　纤维编织胶管成型工艺流程

纤维编织胶管的硬芯法、软芯法和无芯法工艺流程见图 4-16 至图 4-18。其中软芯法和无芯法也可采用裸硫化，当采用裸硫化时，软芯法工艺流程中无包水布（或包铅）工艺、无芯法工艺流程中无包铅工艺。各工艺流程中是涂胶浆还是包中胶片视其具体情况而定。

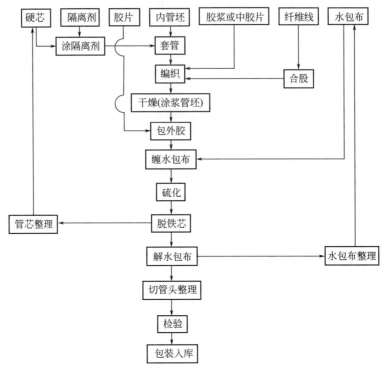

图 4-16   硬芯法制造纤维编织胶管工艺流程

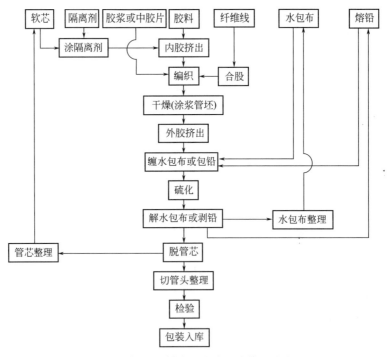

图 4-17   软芯法制造纤维编织胶管工艺流程

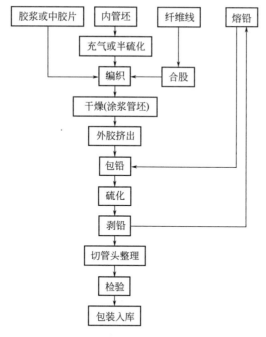

图 4-18　无芯法制造纤维编织胶管工艺流程

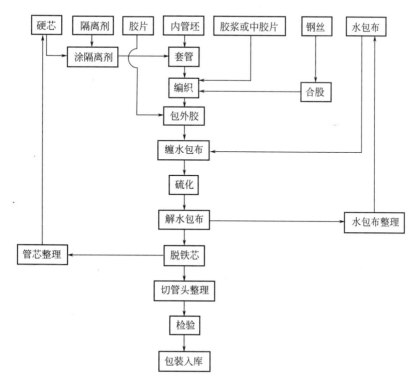

图 4-19　硬芯法制造钢丝编织胶管工艺流程

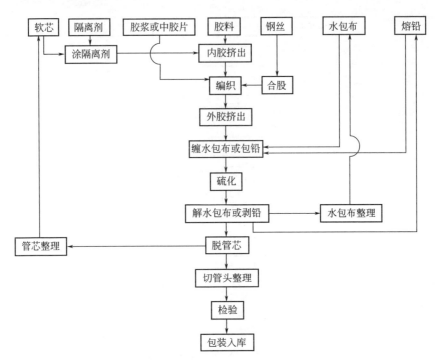

图 4-20 软芯法制造钢丝编织胶管工艺流程

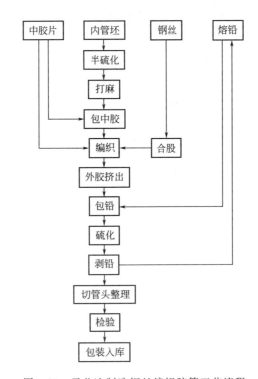

图 4-21 无芯法制造钢丝编织胶管工艺流程

4.7.1.2　钢丝编织胶管成型工艺流程

钢丝编织胶管的硬芯法、软芯法和无芯法工艺流程见图 4-19～图 4-21。

其中无芯法工艺流程中也可用裸硫化，此时无包铅工艺。

4.7.2　编织胶管成型工艺要点与工艺控制点标准

4.7.2.1　纤维编织胶管的工艺要点与工艺控制点标准

（1）工艺要点

1）硬芯法纤维编织的工艺要点

① 套管：套管前清理工作台，保证工作台清洁。套管时管芯表面涂抹隔离剂应均匀、适量，若太少会造成脱芯困难，太多会造成管坯污染，影响胶管质量。套管施工中应在内管坯一端充入适量压缩空气，在另一端套入管芯，再通过穿管机将管芯平伏地套入管坯内。套管后应及时将管坯尾端表面揩擦干净，并逐根检查质量，内管坯应紧伏于管芯，且不得有扭曲现象，对厚度不均、破裂、鼓泡、熟胶粒、杂质等应剔除，并保持管坯表面清洁。套管后的管坯应存放在带有软垫的搁架上，防止变形和压坏，以备下道工序使用。

② 编织前在套管后的内管坯表面涂刷适量胶浆，以增加对骨架层的结合力，对有些合成纤维线材也可经胶黏剂浸渍处理后再进行编织。

③ 按胶管的结构参数，选定行程、线材规格和根数等，在同一根胶管中，不同的纤维线不能混编。

④ 在编织过程中，严格控制各线锭的张力均匀一致，使编织层平整、人字花纹平直整齐。一般小口径的普通胶管，其张力控制在 5N/锭以下，压力较高或口径较大的胶管，其编织张力应适当增加。

⑤ 牵引装置压管要适度，不能太松也不能太紧，太松牵引不可靠，过紧易将管坯压变形。

⑥ 每编织完一层后，需涂刷胶浆或包中胶片（若采用生产线连续作业，应在编织中涂浆或包中胶片），以增加编织层间的结合力和缓冲性，涂浆要均匀，干燥后才能进行第二次编织。

⑦ 管坯经编织干燥后，再通过挤出机的 T 形机头挤出包覆外胶，或用压延胶片进行包贴，然后包水布加压，以待硫化。

2）软芯法纤维编织的工艺要点

① 内管坯挤出：挤出前检查软芯的表面质量状态，符合要求后软芯上均匀地涂上隔离剂。内管坯是在软芯通过挤出机的 T 形机头的同时包覆在软芯上的。挤出后的内管坯需通过冷却水槽冷却后再进行盘卷，以供编织时使用。盘卷时要防止叠压和互粘。

② 按胶管的结构参数选定工艺参数、线材规格和根数。不同的纤维线不能混编。

③ 采用涂浆编织时，要注意胶浆的浓度和均匀程度。管坯在胶浆槽中的停留时间不应超过 2min，如因故停车时间较长，应将管坯取出，将管坯表面多余的胶浆清除。同时应将锭子张力放松，以免管坯变形。

④ 编织线接头要牢固，线头要短。编织要均匀，无严重稀挡、跳线和缺线现象。

⑤ 多层编织时，各层涂浆后必须干燥才能进行第二次编织，不应有干燥不透和干燥过度的现象。其编织、涂浆、干燥（或贴中胶片）可组成生产线连续进行，但需注意各工序之间的配合。

⑥ 编织过程中，要保持清洁，防止管坯污染。

⑦ 压出外胶后的管坯应及时冷却并通过隔离剂槽，再进行盘卷，供下道工序使用。

3）无芯法纤维编织的工艺要点　无芯法分充气编织和内胶半硫化编织。

① 充气编织　编织前将内胶管坯两端用气嘴封堵，再充入适量压缩空气，气压大小视管径和胶料性质而定，一般控制在 0.02～0.05MPa，以便编织过程中使管坯具有一定的刚性，充气后的管坯应完全挺圆，但不应有局部膨胀和粗细不均现象，充气完毕应检查管坯是否漏气。编织过程中要严格控制张力均匀、恰当，牵引要适度，同时必须防止管坯扭折和相互挤压，以免管坯变形影响质量。充气编织的其他工艺特点与软芯法编织基本相同。

② 内胶半硫化编织　编织前将内胶管坯进行短时间硫化（即所谓的半硫化），使管坯具有一定的刚性，然后再进行编织。半硫化后的内胶管坯若在内部充入适量的压缩空气，效果更好，对大口径管坯一般都需充入适量的压缩空气。这种编织方法内胶层与编织层结合力（黏着力）差，编织施工时必须采取必要的措施加以解决，一般可在编织前在内管坯表面涂胶浆或贴胶片，也可采取内胶层表面打麻的措施。内胶半硫化编织的其他工艺要点与无芯充气编织基本相同。

（2）工艺控制点标准

纤维编织胶管工艺控制点标准见表 4-12。

表 4-12　纤维编织胶管工艺控制点标准

控制项目	控制内容及标准	备注
行程公差/mm	±1	其他标准和要求按工艺规程和设计要求执行
线材规格及根数	按设计要求	
外径公差/mm	±0.3	

4.7.2.2 钢丝编织胶管的工艺要点与工艺控制点标准

（1）工艺要点

钢丝编织的硬芯法、软芯法和无芯法工艺要点如下。

1）内胶管坯准备

① 用于硬芯法钢丝编织的内胶管坯需停放 4h 以上，再进行套管。套管工艺要点与硬芯法纤维编织相同。

② 软芯法钢丝编织，挤出后的内管坯需停放 8h 以上才能进行编织成型。用于软芯法编织的内管坯也可进行冷冻处理，以增加内管坯在编织过程中所承受的钢丝张力和防止过量的赶胶。

③ 用于无芯法钢丝编织的内胶管坯需经半硫化及打麻处理才能进行编织成型。

2）钢丝编织

① 编织过程中严格控制钢丝张力均匀一致，一般钢丝张力为 10N/根左右。张力过大会损伤管坯，张力过小会削弱骨架层的增强作用，张力不均匀会使管坯出现波纹状。

② 严格控制编织行程和编织角的准确性。

③ 钢丝编织的骨架层之间都要包覆中胶片。中胶包覆要平伏，防止出现皱褶和缺胶现象。

④ 每编织完一层钢丝层后，应将各线锭上长短不一的钢丝整理齐再编织下一层。

⑤ 编织中途要更换钢丝时，其接头搭编长度可控制在 1～2 个行程，并将余丝剪平。

⑥ 牵引夹持力要适当，不宜过大，防止管坯变形。

⑦ 编织管两端要用胶布扎紧、收小，便于下道工序包外胶。

⑧ 编织过程中要严格控制编织质量，无严重背股、缺股现象，编织层的波纹度不应超过 0.5mm。并保持编织层表面的清洁。

3）涂浆干燥

① 管坯涂浆要均匀，发现胶乳凝块、熟胶粒及结皮等应及时去除；浸浆时间不宜太长，以免引起管坯膨胀。

② 浸浆后要进行干燥处理，干燥过程中要严格控制温度和时间。

4）包外胶

① 硬芯法一般用压延胶片进行包贴（也可用挤出机挤出）；软芯法和无芯法都用挤出机包覆外胶。

② 包外胶前应对编织层进行认真检查和必要的修整，为了提高胶管质量还可采用抽真空的办法，抽去管体内残存的气体。

③ 包外胶后的管坯应进行适当冷却，必要时管坯表面还需涂隔离剂。

5）包水布与包铅

① 硬芯法钢丝编织包外胶后，应包缠水布加压，缠水布时拉力要均匀一致，水布要紧而平伏，防止出现皱褶和搭接不均匀等现象。

② 软芯法可包铅加压（或包水布），也可采用裸硫化。

③ 无芯法采用包铅加压，也可采用裸硫化。

（2）工艺控制点标准

钢丝编织的工艺控制点标准见表 4-13。

表 4-13　钢丝编织的工艺控制点标准

行程公差/mm		外径公差/mm		波纹度/mm	备注
$\phi6\sim16$	±1	$\phi6\sim10$	±0.6	不大于 0.5，外观平直	其他标准和要求按工艺规程和设计要求执行
$\phi19$ 以上	±1.5	$\phi13\sim51$	±0.8		

4.7.3　钢丝编织工艺常见的质量缺陷及预防

钢丝编织成型时由于钢丝的弹性所致有时会出现质量缺陷，因此应采取必要措施加以预防，钢丝编织常见的质量缺陷及预防措施见表 4-14。

表 4-14　钢丝编织常见的质量缺陷及预防措施

质量缺陷	预防措施	质量缺陷	预防措施
编织层外径超差	检查上道工序中胶层厚度和编织行程	编织层起套、背胶、挤股及断(缺)钢丝	严格控制合股质量；编织施工中认真检查和操作；调整工艺参数
行程超差	调整工艺参数和牵引速度	编织层勒细	检查合股质量及编织张力，避免中途停车
编织层波纹度超差	调整编织张力		
胶管不同心	检查上道工序、中胶层包贴均匀程度及牵引夹紧装置	编织层扭劲	牵引装置夹紧力不足，骨架层两端不牢固

5

缠绕胶管成型设备与制造工艺

5.1 缠绕胶管成型机

5.1.1 缠绕胶管成型机的用途与分类

（1）用途

用于将纤维线材或钢丝线材按一定大小的螺旋角缠绕于管坯上，作为骨架层。

（2）分类

缠绕胶管成型机一般按胶管的骨架层材料、成型机的工作原理、缠绕盘上锭子的排列形式、缠绕盘的数量进行分类。

① 按胶管的骨架层材料分类。分为纤维缠绕胶管成型机、钢丝缠绕胶管成型机和帘布缠绕胶管成型机。

② 按成型机的工作原理分类。分为缠绕盘回转式和缠绕胶管回转式。本章所介绍的盘式胶管缠绕成型机是属于前一种形式。

③ 按缠绕盘上锭子的排列形式分类。分为盘式缠绕胶管成型机和鼓式缠绕胶管成型机。

④ 按缠绕盘的数量进行分类。分为单盘、双盘和多盘缠绕胶管成型机。

5.1.2 缠绕胶管成型机的型号规格表示

缠绕胶管成型机的规格用其锭子数来表示，其型号采用产品分类中具有代表意义的汉字的汉语拼音打头字母来表示。缠绕胶管成型机的型号规格表示如图 5-1 所示（以双盘 120 锭纤维缠绕胶管成型机和 4 盘 160 锭钢丝胶管成型机为例）。

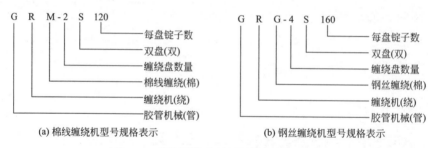

图 5-1   缠绕胶管成型机规格、型号表示

5.1.3   盘式纤维缠绕胶管成型机

5.1.3.1   盘式纤维缠绕胶管成型机的基本结构和工作原理

盘式纤维缠绕胶管成型机的基本结构如图 5-2 所示。它主要由托架 1、缠绕部分 2、整线部分 3、传动部分 4、牵引部分 5 等组成。使用时在该机前端安装导开装置和储存调速装置，在其后端安装储存调速装置和浸浆槽。由导开装置导出的管坯，经储存调速装置并由托架 1 引导，准确的进入缠绕部分 2 的空心轴的导向管内进行缠绕，然后由牵引部分 5 牵引，经过储存调速装置和浸浆槽，由卷取装置卷取备用。

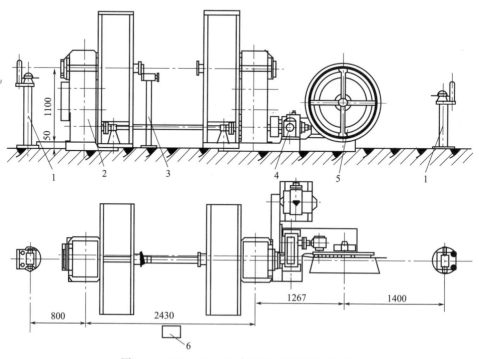

图 5-2   GRM-2S120 双盘纤维缠绕胶管成型机

1—托架；2—缠绕部分；3—整线部分；4—传动部分；5—牵引部分；6—电气部分

本机的主要工作部分是缠绕部分，它是由铝合金制成的两个缠绕盘，其前后两端分别装有锭轴，棉线锭子插在锭轴上，并可自由旋转，锭轴上装有插销，用于防止锭子脱落。锭轴在缠绕盘上分三圈排列，每面 60 个棉线锭子，棉线锭子的实际放置数量按所生产的胶管规格而定。两缠绕盘分别固定在空心轴上，由电机经 V 带及减速器传动使其回转，两缠绕盘的回转方向相反，以缠绕出不同螺旋方向的单向缠绕层。当用无芯法生产胶管时，为防止在缠绕第二个单向层时管坯扭转过甚须将两缠绕盘相对安装，使两缠绕盘靠得很近，以减缓缠绕时管坯扭转。同时，为防止管坯在牵引过程中变形，在第一单向层与第二单向层之间导入一根轴向放置的棉线绳，棉线绳由筒子架上的筒子供给。

5.1.3.2　盘式纤维缠绕胶管成型机的主要技术参数

盘式纤维缠绕胶管成型机的主要技术参数见表 5-1。

表 5-1　盘式纤维缠绕胶管成型机的主要技术参数

参数名称	GRM-2S120	GRM-2S120（改进型）
缠绕成型胶管直径/mm	13～50	13～50
每个缠绕盘上棉线筒子的最大放置数量	120 个	120 个
缠绕盘的放置方式	同向	相对
缠绕盘的转速/(r/min)	80～100	13.5～145
牵引鼓的最大速度/(m/min)	26	46
齿链式无级变速器	P2R(卧 2)6:1	P2R(卧 2)6:1
蜗轮减速器	WD80-25.5-1	WD80-25.5-1
电机:型号 　　功率/kW 　　转速/(r/min)	Y132M2 5.5 960	YCT180-4A 4 125～1250
前后缠绕盘速比	1.07,1.08,1.11	1.06
外形尺寸(长×宽×高)/mm	6197×1900×1860	5240×1900×1860

5.1.3.3　盘式纤维缠绕胶管成型机的维护与保养

（1）日常维护要点

1）开车前的检查

① 检查影响设备运转和操作的障碍物，并进行清理。

② 装好线锭和分线头，检查线锭套筒，盖上两边隔声板。

③ 合上电柜开关，接上卷取风源。

④ 按润滑规定加注润滑油。

2）运转中的维护

① 经常注意传动部件的运转情况，如有异常要停机检查。

② 轴承温度不能高于 65℃。

③ 开动缠绕机时要慢速启动，再缓慢调节到所需要的速度。

④ 在调节行程时，必须首先开动机器，然后转动无级变速器手轮，测量缠距的大小。

⑤ 一般情况下停车可使用停车按钮，特殊情况下，可按急刹车按钮。如使用急刹车按钮，再开动设备前，须将急刹车按钮提起，方能开车。

3）停车后的工作

① 停车后关闭电源、风源。

② 每班次操作完毕后应清擦设备，清理现场，经常保持机台及周围环境的整洁。

③ 停机时间超过一星期的设备，其加工表面应涂油防锈。

（2）润滑要求

盘式纤维缠绕胶管成型机的润滑要求见表 5-2。

表 5-2　盘式纤维缠绕胶管成型机的润滑要求

主要润滑部位	润滑油品	加油定量标准	加油及换油时间	加油人
减速机	机械油 N86	按油标或油面高度	半年换油一次(本机采用偏心轮柱塞泵自动润滑)	维修工
涡轮减速机	机械油 N100	按油标或油面高度	每年换油一次	维修工
滚动轴承	钙基脂 ZG-3	适量	每年换油一次	维修工
开式齿轮副	钙基脂 ZG-3	适量	每班换油一次	维修工

5.1.3.4　盘式缠绕成型机的常见故障与排除方法

盘式缠绕成型机的常见故障与排除方法见表 5-3。

表 5-3　盘式缠绕成型机的常见故障与排除方法

现象	原因	排除方法
启动困难	电机 V 带松弛 电气发生故障	调整或更换 V 带 排除故障
减速箱润滑不良	减速箱内的润滑油泵受阻或损坏	清洗、检修油泵
缠线张力不均	锭轴松动、线轴摆动	检查锭轴的安装情况,排除故障
缠线张力过大或过小	张力环与导线环之间距离调节不准	调节张力环与导线环之间距离

5.1.4　盘式钢丝缠绕胶管成型机

5.1.4.1　盘式钢丝缠绕胶管成型机的基本结构和工作原理

盘式钢丝缠绕胶管成型机有单盘、双盘和多盘之分。其工作原理基本相同，电机通过传动装置带动机头实现正反转，缠绕部分放线，牵引机牵引管坯作直线运动，通过调节无级变速器使牵引速度与缠绕盘转速匹配，将钢丝束按一定角度缠绕在管坯上，实现缠绕工艺。双盘钢丝缠绕胶管成型机如图 5-3 所示（图示为150 锭缠绕机），它主要由两个缠绕头、一个牵引装置、传动部分和电气部分所组成。两个缠绕盘 10 用铝合金制成，并固定在空心轴 8 上，每个缠绕盘最多可装 150 个钢丝筒子，分别排列在缠绕盘的两侧。每侧分三圈排列，外圈和中圈各放置 30 个，内圈放置 15 个，缠绕盘由电机 20 经 V 带 21、传动箱 1 减速后分别传动使其作相对回旋。两缠绕盘具有一定的转速差，可用挂轮 4 变换。缠绕盘背后的钢丝从引线孔穿出，经张力调节环 13 上的夹线盘 12 及分线盘 14，在两个缠绕盘 10 做相对旋转（两缠绕盘反向旋转）及管坯的直线作用下，就将钢丝螺旋地缠绕在管坯上。导线环 7 用来分导钢丝，每根钢丝张力由夹线盘 12 上的螺母调节。管坯从空心轴 8 内的导向管 9 中间通过，由履带式牵引装置 16 牵引作直线运动。履带式牵引装置系有传动轴 19 经齿链式无级变速器 17 传动，履带之间的距离可根据胶管规格进行调节。缠绕装置外周设有有机玻璃制成的安全装置。缠中胶装置 6 固定在空心轴 8 的尾部。前中胶装置的作用是在缠绕第一个单向层前，在管坯上缠一层网眼布（或胶片）作为保护层；后中胶装置用于缠绕两钢丝层间的中胶片。整形机构 15 是由一只喇叭状的口型与若干块具有弹簧支持的活络块组成，用于对缠绕钢丝后的管坯进行整理，起到清除"背线"的作用。

　　四盘钢丝缠绕胶管成型机如图 5-4 所示。它由四个机头、四个缠绕头、四个口型、一个牵引装置、一个中胶装置和电气部分所组成。机头设有两个手柄，操作手柄 1 可使缠绕盘正反转，操作手柄 2 可变换缠绕盘的速度。由于四盘缠绕机的四个缠绕层的直径都不相等，而四个缠绕盘的缠绕行程又都一样，因此每层缠绕角度均不相同，故选用 $54°44'$ 的综合角度来满足工艺要求。缠绕后的胶管由牵引装置夹持直线运动。变换牵引装置下部的手轮 9 可调节无级变速器以改变行程。在调节行程时，必须首先开动机器，然后转动无级变速器手轮，测量缠绕节距的大小，直到满足工艺要求为止。牵引装置和电机的选择由设备性能决定，GRG-4S160 为气动链条夹紧，直流电机或电磁调速电机。GRG-4S160 的改进型为水平机械弹簧夹紧，交流电机变频调速。

　　单盘钢丝缠绕胶管成型机结构比较简单。它主要由一个成型机头、一个缠绕盘及牵引装置组成。工作时每缠绕一个骨架层后，涂上胶浆，干燥后再缠绕其外面的缠绕层。因工作效率低，劳动强度大，现在很少采用。

　　多盘钢丝缠绕成型机一般由一台纤维缠绕胶管成型机和四台钢丝缠绕成型机所组成。管坯先由纤维缠绕胶管成型机缠绕一层纱线作保护层，然后再由钢丝缠绕成型机缠绕钢丝骨架层。各缠绕盘和牵引装置由同一台电机通过传动装置驱动。管坯由同一夹持装置牵引，其工作过程与前述盘式缠绕成型机类似。

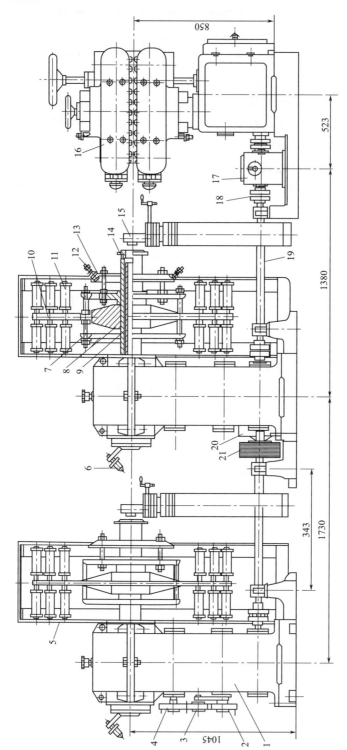

图 5-3   GRG-2S150 盘式钢丝缠绕胶管成型机

1—传动箱；2—齿轮；3—中间齿轮；4—挂轮；5—安全罩；6—缠中胶装置；7—导线环；8—空心轴；9—导向管；10—缠绕盘；11—钢丝转子；
12—夹线盘；13—张力调节环；14—分线盘；15—整形机构；16—履带式牵引装置；17—无级变速器；18—联轴器；19—传动轴；20—电机；21—V带

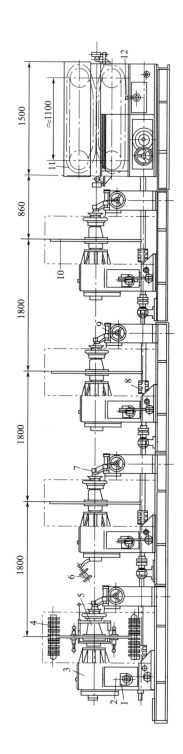

图 5-4　GRG-4S160 四盘钢丝缠绕胶管成型机

1,2—操作手柄；3—机头；4—转子；5—缠绕头；6—中胶片履带箱；7—口型；8—联轴器；9—手轮；10—缠绕盘；11—牵引装置；12—无级变速手轮

5.1.4.2　盘式钢丝缠绕胶管成型机的主要技术参数

盘式钢丝缠绕胶管成型机的主要技术参数见表 5-4。

表 5-4　盘式钢丝缠绕胶管成型机主要技术参数

参数名称	GRG-2S150	GRG-4S160	GRG-4S160(改进型)
缠绕胶管成型直径/mm	6～38	17～47	12～88
锭子最大放置数量/(锭/盘)	150	160	160
缠绕盘最高转速(r/min)	前缠绕盘:130.8 后缠绕盘:120.54	90	90
牵引速度(m/min)	＜19.8	0.4～5.2	0.3～20
牵引装置结构形式	履带式	气动链条式	履带式
口型处理方式		整体式	分瓣式
电机:功率/kW 　　转速/(r/min)	5.5 1500	13 1500	15 1470
外形尺寸/mm	4220×1600×1755	8880×1950×1710	8250×1950×1710

5.1.4.3　盘式钢丝胶管缠绕成型机的维护与保养

（1）日常维护要点

1）开车前的检查

① 检查影响设备运转和操作的障碍物，并进行清理。

② 检查各润滑部位有无堵塞现象，箱体内油标是否到位。按润滑要求对各润滑部位加注润滑油。

③ 检查各手柄位置是否正确。

2）运转中的维护

① 机器开动时不得转动各变速手柄，无级变速器调速必须在运转状态下进行。

② 经常检查各润滑部位情况及温升，轴承温度不得高于 65℃。并注意运转情况，发现异常应立即停车处理。

3）停机后的工作

① 停机后应立即将牵引夹持链装置放松。

② 每班次操作完毕后应擦洗设备，全部清理现场，经常保持机台及周围环境整洁。

③ 停机时间超过一星期的设备，其加工表面应涂油防锈。

（2）润滑要求

盘式钢丝胶管缠绕成型机的润滑要求见表 5-5。

表 5-5   盘式钢丝胶管缠绕成型机的润滑要求

主要润滑部位	润滑油品	加油定量标准	加油及换油时间	加油人
减速器	机械油 N68	按油标或油面高度	每年换油一次	维修工
无级变速器				
滚动轴承	钙基脂 ZG-3	适量	每年加油一次	维修工
牵引链滑道、夹紧装置导轨、丝杠	机械油 N100	适量	每班加油一次	维修工
开式齿轮、蜗轮副	钙基脂 ZG-3	适量	每班加油一次	维修工

5.1.4.4   盘式钢丝胶管缠绕成型机的常见故障与排除方法

盘式钢丝胶管缠绕成型机的常见故障与排除方法见表 5-6。

表 5-6   盘式钢丝胶管缠绕成型机的常见故障与排除方法

现象	原因	排除方法
启动困难	电机 V 带松弛 电气发生故障	调整或更换 V 带 排除故障
缠绕节距不等	牵引速度不均匀	调整无级变速器张紧轮
牵引链夹持力不够	牵引链橡胶块磨损 夹持位置不正确	更换橡胶块 调整夹持位置

5.1.5   鼓式纤维缠绕胶管成型机

5.1.5.1   鼓式纤维缠绕胶管成型机的基本结构和工作原理

图 5-5 所示为 24 锭鼓式纤维缠绕胶管成型机，它主要由前后两转鼓、牵引鼓及传动装置组成。转鼓由转盘 10 和空心轴 11 组成。每相邻两转鼓中间可放置 6 个纱线筒子，每个转鼓共放 24 个纱线筒子。转鼓由电机 1 通过 V 带 2、传动轴 3 及链传动带动旋转。在传动轴 3 的一端有蜗杆蜗轮副，经齿轮 7 带动牵引鼓 8 回转。管坯经浸浆槽浸过胶浆后通过空心轴 11 中的套管 21 由牵引鼓牵引。在固定座 27 和活动座 25 上装有锭轴，纱线筒子装于锭轴 26 上，导出的纱线经过导线环 12、穿过座圈 18 和分线盘 17 的小孔缠绕在胶管上。座圈 18 和分线盘 17 随空心轴 11 一起旋转。套管 21 固定不动。更换纱线筒子时，将拨杆 24 向右移动，使活动座 25 缩进套筒 22 内，锭轴 26 与纱线筒子即可一起取下更换。活动座 25 在弹簧 23 作用下限位。

5.1.5.2   鼓式纤维缠绕胶管成型机的主要技术参数

24 锭鼓式纤维缠绕胶管成型机的主要技术参数如下：

① 成型胶管直径：5～10mm。

② 缠绕鼓转速：160r/min。

③ 电机功率：0.6kW。

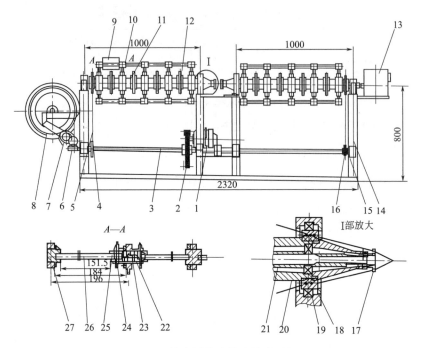

图 5-5　鼓式纤维缠绕胶管成型机

1—电机；2—V 带；3—传动轴；4,16—链轮；5,15—套筒滚子链；6—蜗轮副；

7—齿轮；8—牵引鼓；9—纱线筒子；10—转盘；11,20—空心轴；12—导线环；

13—胶浆槽；14—机架；17—分线盘；18—座圈；19—轴承座；21—套管；

22—套筒；23—弹簧；24—拨杆；25—活动座；26—锭轴；27—固定座

④ 电机转速：1360r/min。

⑤ 外形尺寸：3600mm×660mm×1100mm。

5.1.5.3　鼓式缠绕胶管成型机的维护与保养

（1）日常维护要点

1）开车前的检查

① 检查影响设备运转和操作的障碍物，并进行清理。

② 用手攀车检查锭子轮芯轴、线轴及转动部位，若线轴脱落不正常，或传动机构有阻碍现象，必须清除后再开车。

③ 检查电机及开关系统有无问题，齿轮、蜗轮、蜗杆系统是否良好。

④ 按润滑要求加注润滑油。

2）运转中的保护

① 设备运转中，观察有无跳动。运转声音有无异常。发现不正常情况，停机处理后再开车。

② 当发现胶管半成品缠在牵引鼓或牵引转动机件上时，应立即停车，将被

缠的半成品拉出后再开车。

③ 线轴松动或脱出时,立即停机处理。

④ 全部轴承温度不得高于 65℃。

3)停车后的工作

① 停车后切断电源,清擦设备,清理现场。

② 停机一星期的设备,其加工表面应涂油防锈。

（2）润滑要求

鼓式缠绕成型机的润滑要求见表 5-7。

表 5-7　鼓式缠绕成型机的润滑要求

主要润滑部位	润滑油品	加油定量标准	加油及换油时间	加油人
蜗轮蜗杆	机械油 N68	适量	每班一次	操作工
链轮链条	机械油 N40	适量	每班一次	操作工
滚动轴承	钙基脂 ZG-3	三个月一次	适量	维修工
滑动轴承	机械油 N40	每班两次	适量	操作工

5.2　纤维缠绕胶管成型流水生产线

纤维缠绕胶管成型一般采用软芯法和无芯法,适合将各单机组成流水生产线作业。以下介绍软芯法流水生产线。

（1）设备组成

如图 5-6 所示,这种生产线可由以下设备组成:软芯存放转盘 1、涂隔离剂装置 2、ϕ65 内胶挤出机 3、冷却水槽 4、立式储存鼓 5、纤维缠绕胶管鼓式成型机 6、储存装置 7、涂胶浆槽 8、导出装置 9、储存装置 10、干燥室 11、ϕ65 外胶挤出机 12、硫化管道 13、脱软芯装置 14、成品卷取装置 15。

（2）工艺程序

成型时将软芯放置在存放盘 1 上,引出后经涂隔离剂装置 2 涂上硅油,经 ϕ65 内胶挤出机 3 包覆内胶,内胶管坯经冷却水槽 4 冷却,由立式储存鼓 5 储存并存放,导出后经纤维缠绕胶管鼓式成型机 6 缠绕两层纱线骨架层,再由储存装置 7 储存,由储存装置 7 引出的管坯经涂胶浆槽 8 涂胶浆,由导出装置 9 导出,进入储存装置 10 自然干燥和储存,然后进入干燥室 11 干燥,干燥后的管坯用 ϕ65 外胶挤出机包覆外胶,直接进入硫化管道 13 硫化。硫化后由脱软芯装置脱芯,再由成品卷取装置卷取、捆扎。

本装置干燥室可采用散热排管式或其他方式加热,温度控制在 45～50℃。挤出机可采用通用型热喂料橡胶挤出机。机头一般用直角型机头,其中包外胶的

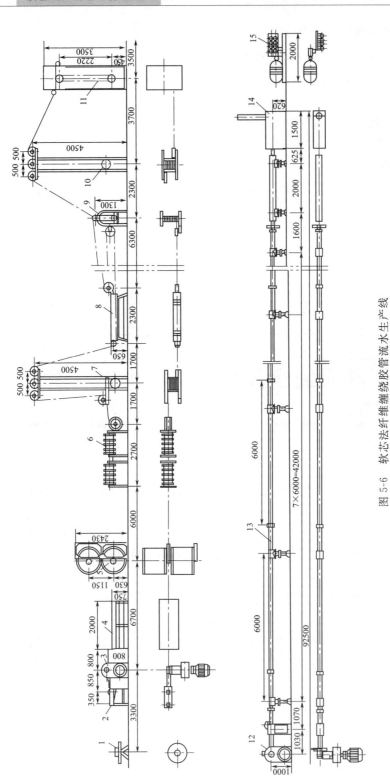

图 5-6　软芯法纤维缠绕胶管流水生产线

1—软芯存放转盘；2—涂隔离剂装置；3—内胶挤出机；4—冷却水槽；5—立式储存数；6—纤维缠绕胶管数式成型机；7、10—储存装置；8—涂胶浆槽；9—导出装置；11—干燥室；12—外胶挤出机；13—硫化管道；14—脱芯装置；15—成品卷取装置

机头采用螺纹直接与硫化管道的密封装置连接。硫化管道采用0.4MPa的直接蒸汽硫化,硫化时间由牵引装置的牵引速度控制。牵引装置的电机可采用整流子电机、直流电机进行调速,或交流电机变频调速。

（3）主要技术参数

软芯法成型缠绕胶管的流水生产线的主要技术参数如下。

① 生产胶管规格：直径6~10mm；长度30~50m。

② 橡胶挤出机型号：XJ65。

③ 立式储存鼓

尺寸（直径×长度）：ϕ900mm×970mm；

线速度：5~15m/min；

储存量：360m；

直流电机：功率1.1kW,转速3000r/min；

气动摩擦离合器：活塞直径100mm；摩擦片直径147mm；空气压力0.4~0.6MPa。

④ 纤维鼓式成型机

锭子数：24个；

缠绕鼓转速：280r/min；

牵引速度：8m/min；

电机：功率1kW,转速3000r/min。

⑤ 储存装置

环数：6；

滑轮直径：320mm；

滑轮行程：3m；

存储量36m。

⑥ 干燥室

胶管干燥路程：130m；

胶管移动速度：5.35~10.7m/min；

胶管干燥时间：12.2~24min；

干燥温度：45~50℃；

直流电机：功率1.5kW,转速1500r/min。

⑦ 硫化管道

尺寸（直径×长度）：ϕ127mm×45m；

硫化速度：4.5~9.5m/min；

牵引装置：

辊子尺寸（直径×长度）：ϕ140mm×70mm；

辊子转速：7.83～23.6r/min；

电机：功率5～1.67kW，转速1410～470r/min；

蒸汽压力：0.4MPa。

5.3 缠绕胶管成型机的选用

5.3.1 缠绕胶管成型机的特点比较与应用

缠绕成型工艺与编织工艺相比，具有成型效率高、制品性能好等优点，不但可以生产低压棉线（包括化纤）缠绕胶管，还可以生产单根或多股钢丝缠绕的高压或超高压胶管。

缠绕成型机的结构形式多种多样，目前普遍采用的是盘式缠绕成型机，它的优点是结构紧凑，占地面积小，但由于受到缠绕盘直径的限制，当锭子数量较多时，必须采用多圈排列，当缠绕盘转动时，各圈上的锭子由于回转半径不同，其离心力也不一样，这样不利于张力控制和缠绕盘转速的提高。近年来，钢丝缠绕胶管有采用单根钢丝代替钢丝束作胶管骨架层，每个钢丝筒子上缠有并排排列的多根钢丝，使锭子数大幅度减少。这样有限个锭子只要在缠绕盘上排列成一圈即可，锭子在工作时的离心力就可趋于一致，也有利于安装张力控制装置。盘式缠绕成型机又可分为单盘、双盘和多盘，采用单盘成型机成型时，工艺复杂、成型效率低，因此，目前多采用双盘或多盘缠绕成型机。从运动形式上看，盘式缠绕成型机又分为缠绕盘回转和缠绕胶管回转两种形式，缠绕胶管回转的成型机，只适用于大规格胶管的成型，当用无芯法生产纤维缠绕胶管时，只能选用缠绕盘回转的成型机。

鼓式成型机的优点是锭子排列在同径的转鼓上，锭子所受到的离心力一致，有利于张力和转鼓转速的提高，但所能成型的胶管直径较小、占地面积较大。

5.3.2 缠绕胶管成型机的选择原则

选择缠绕胶管成型机时，要考虑的因素有：胶管的骨架层材料、胶管的结构参数、工艺特点、技术经济性等。

缠绕胶管成型机的选择原则是：要使成型机的技术参数与胶管的结构参数相适应。主要包括：

① 胶管的直径应在成型机可缠绕直径范围内。

② 缠绕机上排列的线材数量与胶管规格、骨架层线材的节距、缠绕密度相适应。

③ 成型机的转盘转速、牵引速度与胶管的骨架层线材的节距（缠绕行程）

相匹配。

（1）缠绕直径

各缠绕成型机的缠绕直径都在一定范围内，选用时应使胶管的直径在其规定范围内。鼓式成型机所能成型的直径较小，一般在 5～10mm 范围内，盘式纤维缠绕胶管成型机所能成型的直径见表 5-1，盘式钢丝缠绕胶管成型机所能成型的直径见表 5-4。

（2）缠绕行程

缠绕行程是指缠绕线材在管坯上缠绕一周时，管坯沿轴向移动的长度，它等于缠绕线材的节距，是缠绕成型中所控制的主要参数，当胶管的规格确定后，须通过缠绕盘的转速、牵引速度加以调整。

①缠绕行程的计算。缠绕行程 T 按式(5-1) 和式(5-2) 计算：

$$T = \pi D_j \cot\alpha \tag{5-1}$$

$$D_j = D_n + 2\delta_n + \delta_c \tag{5-2}$$

式中　T——缠绕行程，mm；

　　　α——缠绕角度；

　　　D_j——计算直径，mm；

　　　D_n——胶管内径，mm；

　　　δ_n——内胶层厚度，mm；

　　　δ_c——缠绕层厚度，mm。

当 $\alpha = 54°44'$ 时式(5-1) 简化为：

$$T = 2.2D_j \tag{5-3}$$

② 缠绕行程的度量方法。在实际生产中，可在任一锭子的线材上着色标记，沿缠绕管坯表面轴向测量着色线材的螺距即为行程。

③ 缠绕盘的转速 n、牵引速度 V 与缠绕行程 T 之间的关系。它们之间有如下关系：

$$n = \frac{1000\tan\alpha V}{\pi D_j} = 1000\frac{V}{T} \tag{5-4}$$

当缠绕角 $\alpha = 54°44'$ 时

$$n = 450.12\frac{V}{D_j} \tag{5-5}$$

式中　n——缠绕盘的转速，r/min；

　　　V——牵引速度，m/min；

　　　D_j——计算直径，mm，按式 (5-2) 计算；

　　　T——缠绕行程，mm。

由式(5-4) 可知，在成型不同直径的胶管时，若缠绕盘转速 n 及缠绕角不变，牵引速度 V 必须作相应的调整；当牵引速度 V 和缠绕角不变时，转盘转速随缠绕胶管直径而变化。

因此，在缠绕同一规格的胶管时，由于各缠绕层的直径不同，为保证各缠绕层的缠绕角不变，各转盘的转速要有一定的转速差。一般双盘缠绕胶管成型机可通过改变其中一个转盘上的挂轮来实现，而四盘钢丝缠绕成型机，四个缠绕盘的行程一致，各层缠绕角度不等，可采用的综合平衡角来满足工艺要求。

（3）缠绕密度

指缠绕线材所遮蔽的表面与胶管整个被缠绕表面的比例，用百分数来表示。缠绕密度越小，缠绕的平均缝隙越大，当缠绕密度达 100％时，缠绕将无缝隙。缠绕密度的大小可根据产品使用要求、生产工艺、设备条件及材料性能而定。一般纤维缠绕胶管的缠绕密度可控制在 70％～95％；钢丝缠绕胶管的缠绕密度可控制在 95％左右。

（4）缠绕线数

缠绕线数是缠绕成型所必须考虑的一个重要参数，它与胶管的规格、缠绕线材的节距、缠绕密度密切相关。缠绕线数是指在一个缠绕节距内排列的缠绕线材的根数，也称为理论缠绕线数。但实际生产中缠绕线不可能无间隙，其密度不可能达 100％，尤其是纤维缠绕，还存在一定的压扁变形问题。因此，实际的缠绕线数应按式(5-6) 计算。

$$n = \frac{nD_j\cos\alpha\rho}{dc'} \tag{5-6}$$

当缠绕角 $\alpha = 54°44'$时，式(5-6) 简化为：

$$n = \frac{1.814D_j\rho}{dc'} \tag{5-7}$$

式中　n——实际缠绕线材根数；

　　　ρ——缠绕密度（纤维缠绕 70％～95％；钢丝缠绕 95％）；

　　　α——缠绕角度；

　　　d——缠绕线材直径，mm；

　　　c'——压扁系数（根据线材及缠绕张力大小而定，一般纤维线材为 1.00～1.11；钢丝线材为 1.0）；

　　　D_j——计算直径，mm，按式(5-2) 计算。

5.4　缠绕胶管的结构及特点

5.4.1　缠绕胶管的基本结构

缠绕胶管的结构根据所用骨架层材料的不同，可分为纤维缠绕胶管、钢丝缠绕胶管和帘布缠绕胶管。

（1）纤维缠绕胶管的基本结构

纤维缠绕胶管的基本结构由内胶层、纤维缠绕层（棉纤维、人造纤维和化学纤维等）和外胶层组成。各缠绕层之间通常采用胶浆（或胶黏剂）或中胶层（也可两者并用）结合，以提高各层之间的结合强度。纤维缠绕胶管的结构见图5-7。

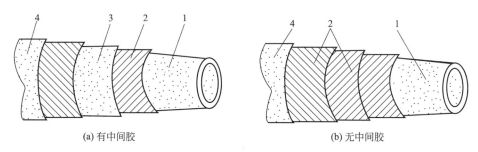

(a) 有中间胶   (b) 无中间胶

图 5-7   纤维缠绕胶管结构

1—内胶层；2—缠绕层；3—中间胶层；4—外胶层

（2）钢丝缠绕胶管的基本结构

钢丝缠绕胶管的基本结构由内胶层、钢丝缠绕层和外胶层组成。各缠绕层之间通常采用中胶层结合，以提高整体结构性能，其缠绕层内、外可用纤维层作保护层。

5.4.2 缠绕胶管的结构特点

缠绕胶管的结构特点是缠绕层以单根线材（纤维线、钢丝等）按缠绕角呈螺旋状缠绕在管坯上。相邻两缠绕层的旋向相反，每一单向层只承担一个方向的承载能力，只有两单向层同时存在时，才使胶管具有相应的承压强度，因此缠绕胶管的缠绕层数通常为偶数，一般为二、四、六层，每相邻两个单向层为一个工作层。从产品性能上看，比编织胶管具有一定的优越性，主要体现在以下几方面。

（1）承压强度高

缠绕胶管的每一单向层的单根螺旋线互相平行，无线材编织交织状态，使用中不会发生因线材编织交织而产生的摩擦损耗，使骨架材料的承载能力得到充分发挥。有些工作压力要求较高的胶管（一般30MPa以上），钢丝编织胶管不能使用，可采用钢丝缠绕胶管。

（2）耐冲击及耐挠曲性能好

由于单一骨架层单根线材的螺旋线互相平行，无交织点，使线材的相对位移比较自由。

加之每相邻两单向层上都有中间胶间隔，起到了较好的缓冲作用。因此使胶管具有良好的挠曲性能、抗疲劳能力和抗脉冲能力。

（3）胶管的成型效率高

缠绕胶管成型所用设备为缠绕机，其成型效率一般都比普通编织机高。

5.5　缠绕胶管的耐压强度

缠绕胶管的耐压强度计算，除修正系数不同外，其他与编织胶管基本相同。将编织胶管耐压强度计算公式中的 N、n、i 用 H 来代表缠绕线材的总根数。则缠绕胶管耐压强度计算式中的 N、n、i 用 H 来代表缠绕线材的总根数。则缠绕胶管耐压强度计算式为：

$$p_B = \frac{F}{\pi \cos\alpha_0} \times \frac{HK_B[C]}{D_j^2 C_3^2} \tag{5-8}$$

当缠绕角 $\alpha = 54°44'$ 时，式(5-8) 简化为：

$$p_B = 0.735 \frac{HK_B C_2}{D_j^2 C_3^2}$$

$$C_3 = 1 + \varepsilon \tag{5-9}$$

式中　p_B——缠绕胶管耐压强度，MPa；

　　　H——每一缠绕行程缠绕线的总根数；

　　　K_B——单根缠绕线的强度，N/根；

　　　D_j——计算直径，mm，按式（5-2）计算；

　　　C_2——缠绕层数修正系数，由表 5-8 查取；

　　　C_3——修正系数；

　　　ε——缠绕线扯断伸长率（对钢丝线材可忽略不计），%；

　　　F——修正系数；

　　$[C]$——修正系数。

表 5-8　缠绕层数修正系数 C_2 值

缠绕层数	C_2 值
2	0.85～0.90
4	0.80～0.85
6	0.78～0.80

5.6　缠绕胶管的成型工艺

5.6.1　缠绕胶管成型工艺方法与工艺流程

纤维缠绕胶管的成型方法有硬芯法、软芯法和无芯法；钢丝缠绕胶管的成型方法有硬芯法和软芯法两种。实际工程中，常用软芯法成型钢丝缠绕胶管；无芯法成型纤维缠绕胶管。

缠绕胶管的成型工艺流程与编织胶管相比，主要区别是钢丝缠绕胶管的钢丝线材需经预定型处理，其他流程与编织成型的相应工艺相同，此处不再赘述，可参阅 4.7.1 节。

5.6.2　缠绕胶管成型工艺要点与工艺控制点标准

5.6.2.1　纤维缠绕胶管成型工艺要点与工艺控制点标准

（1）纤维缠绕成型的工艺要点

1）纤维缠绕成型硬芯法工艺要点

① 套管工艺要点与硬芯法纤维编织相同（见 4.7.2 节）。

② 缠绕前，要按管坯外径、线材的根数及规格等要求，合理选配相应孔数的分线片和缠绕口型，使缠绕线能均匀地缠绕在管坯上。

③ 在缠绕开始时，缠绕成型机速度由慢到快应逐渐提高，在缠绕过程中，速度要保持一致。

④ 在缠绕过程中，要控制线层的排列，防止疏密不均或重叠现象；控制缠绕线的张力均匀一致；严格控制行程和缠绕角的准确性。

⑤ 为增加胶管各层之间的结合力及整体结构性能，各缠绕层之间可采用涂浆或包中胶片。

⑥ 缠绕后的管坯，用成型机包贴外胶，也可用挤出机挤出。包贴外胶要紧服，搭头要压紧。

⑦ 包贴外胶的管坯在管坯外表面包缠水布加压，包缠水布要均匀紧实。

2）纤维缠绕成型软芯法工艺要点

① 内胶挤出：内胶挤出的工艺要点与软芯法纤维编织工艺要点相同（见 4.7.2 节）。

② 缠绕前根据胶管规格、缠绕线的根数和直径等选择分线片和缠绕口型。

③ 缠绕开始时，管坯要逐渐导开，缠绕速度要逐渐增速，缠绕过程中缠绕速度要均匀一致，管坯导开、缠绕及卷取速度要协调一致。

④ 缠绕过程中，要严格控制线层的排列，防止疏密不均或重叠现象；控制缠绕线的张力均匀一致；严格控制缠绕行程和缠绕角度的准确性。

⑤ 缠绕后的管坯一般采用浸浆处理（也可包中胶片），管坯浸浆要均匀，发现胶乳凝块、熟胶粒、结皮要及时除去。浸渍速度以胶浆完全渗透到线层时为宜。

⑥ 浸浆后的管坯要进行干燥，干燥可在热空气的烘房中进行，也可采用其他烘干装置。

干燥条件可根据胶管的干燥程度适当掌握,一般干燥温度为 60~75℃。温度过高会使胶管软化变形,影响纤维线的强度;若温度太高还有可能产生早期硫化。温度过低则会影响干燥效果。

⑦ 干燥后的管坯待冷却到 40~50℃时,再堆放整齐,待挤出机包覆外胶。

⑧ 经挤出机包覆外胶的管坯应及时冷却,并通过隔离剂槽,然后盘卷供下道工序使用。

3)纤维缠绕成型无芯法工艺要点

无芯法缠绕有充气法和内胶半硫化法。

① 充气法缠绕。充气法缠绕与充气编织工艺基本相同,但由于是充气缠绕,管坯刚性较差,长度较长,缠绕速度又比较快,因此,在缠绕过程中应注意以下问题:第一要严格控制缠绕张力、缠绕盘的转速,防止扭曲变形。第二要严格控制管坯的导开、缠绕、牵引和卷取速度协调一致,防止管坯拉伸变形。第三要随时注意管坯内气压及膨胀情况,必要时可适当降低管内气压。缠绕后的管坯经浸浆槽浸浆或包中胶片,再经干燥、盘卷,然后由挤出机包外胶,供下道工序使用。

② 内胶半硫化法缠绕。内胶半硫化法缠绕与充气法缠绕相比,管坯的刚性较好,但内胶与骨架层的黏着性较差,因此内胶半硫化后必须采取相应的措施,如涂浆、贴薄胶片、打麻等。其他工艺要点与充气法相同。

(2)纤维缠绕成型的工艺控制点标准

纤维缠绕成型所控制的主要指标与纤维编织相同,即行程公差和外径公差,其指标见表 4-12。

5.6.2.2　钢丝缠绕胶管成型工艺要点与工艺控制点标准

钢丝缠绕胶管的成型工艺要点与钢丝编织类似,钢丝编织的工艺要点与工艺控制点标准基本符合钢丝缠绕。但应注意以下几点:

① 缠绕胶管的内管坯刚性要求更高。

② 内管坯与管芯的松紧要适度,以防过松时在缠绕成型过程中管体扭劲,过紧时脱芯困难。

③ 缠绕层两端应更牢固地依附于管体上。

6

其他胶管简介

6.1　针织胶管

6.1.1　针织胶管的结构及特点

（1）结构组成

针织胶管的结构主要由内胶层、针织层和外胶层组成。针织层结构的形式主要有平针织、锁针织、吊针织和钻石针织四种，针织材料一般为棉线或其他纤维线，图 6-1 为针织层的结构简图。

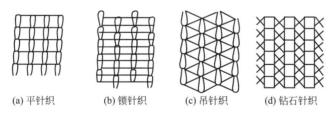

(a) 平针织　　　(b) 锁针织　　　(c) 吊针织　　　(d) 钻石针织

图 6-1　针织层结构简图

（2）结构特点

针织胶管的张力层主要是由针织线沿着与管体呈一定角度交织在内管坯上，其交织点比较稀疏，一般以单层结构组成。因此具有以下特点：

① 管体轻便柔软，弯曲性能好。

② 生产效率高，设备占地面积小，生产成本低，节省材料，并便于实现自动化生产。

③ 针织胶管的主要缺点是承压强度低，通常只局限于工作压力不高的场合使用，例如普通输水、输气以及园艺用胶管等。在汽车散热器系统弯曲管制造中采用较多。

6.1.2 针织胶管的耐压强度计算

由于针织胶管的针织层比较稀疏，一般都呈网状结构。因此其耐压强度只能按下列公式进行粗略计算：

$$p_B = \frac{0.2 N_e K_B i c'}{D_j C_3} \tag{6-1}$$

$$C_3 = 1 + \varepsilon \tag{6-2}$$

式中　p_B——耐压强度，MPa；

　　　N_e——每厘米胶管每层针织线排列根数；

　　　K_B——针织线强度，N/根；

　　　D_j——计算直径（取内胶层外径），mm；

　　　i——针织层数；

　　　c'——修正系数，一般取 0.75～0.90；

　　　C_3——修正系数；

　　　ε——针织线扯断伸长率。

6.1.3 针织胶管的成型设备、成型方法与工艺流程

（1）成型设备

针织胶管的成型设备主要是针织机，针织机一般为立式结构，有单机头和多机头等多种形式，可根据针织胶管的结构加以选用。

（2）成型方法

针织胶管的成型方法有软芯法和无芯法。

（3）工艺流程

针织胶管的工艺流程如下：内管坯挤出→针织成型→外胶挤出。除针织工艺与编织工艺不同之外，其他与编织胶管的成型基本相同。

软芯法的内胶挤出是采用直角形（或斜角形）机头，将内管坯包覆在软芯上；无芯法是采用直角形机头挤出内胶。无论是软芯法还是无芯法，经挤出的内胶都应经冷却、盘卷后供下道工序使用。

6.2 夹布胶管

夹布胶管的成型有硬芯法、软芯法、无芯法三种。具体方法及特点如下。

6.2.1 硬芯成型法

硬芯成型法是传统的工艺方法，至今仍广泛应用。它的优点是质量稳定、规

格尺寸准确、层间附着较好、工艺简单易于掌握，但工序较多，劳动强度大，生产效率低，需耗用大量辅助材料（如水布、铁管芯等）。

硬芯法成型夹布胶管一般是在三辊成型机上进行。成型机架上是由数个相距1.5～2m的铸铁架组成，机架之间用连杆连接。成型机分两面，一面作贴合夹布层和内、外胶用；另一面用作包水布，两面都有铺钢板的工作台和三个回转的压辊。将已套内胶的管坯置于两个下辊中间，将胶布的一边贴于内胶上，上压辊压在胶布上，开动电机，压辊相对转动，即可完成胶布和内、外胶的贴合成型。三辊成型机工作原理见图6-2。

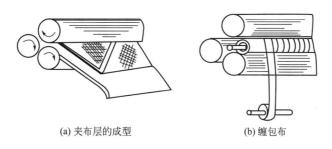

(a) 夹布层的成型　　　　　　　　(b) 缠包布

图 6-2　三辊成型机工作原理

成型时一定要校正三个压辊间的距离，先将两个下辊间的距离调整到与胶管直径相适应的位置上，再进行以下成型操作。

套芯将合格的内胶坯平直放在工作台上，为便于套芯和脱芯，管芯表面应涂上适量隔离剂，在内胶坯的一端充入压缩空气，使管坯鼓圆，另一端插入管芯，后开动套芯机。将管芯套入管坯内。

成型套芯后把管坯置于两下压辊之间，管坯表面涂溶剂，处理干净后，将胶布平整地贴在管坯上，贴合时，将上压辊放下，包胶布及外胶层，注意贴合时应无皱褶。

缠水布成型好的管坯送往缠水布工作面上进行缠水布，水布叠压宽度不应小于布条宽度的1/2，缠水布要平整、无皱、用力均匀，防止胶管扭动。水布按要求撕成一定宽度。

口径超过76mm以上的夹布胶管，内胶挤出困难，可用压延胶片贴合成型法。

6.2.2　无芯成型法

无芯成型法从20世纪60年代初开始在我国使用。它具有工艺简单，劳动强度低，生产效率高，可节省大量管芯、水布等优点，胶管表面光滑平整。但口径圆度及规格的精度不易控制，胶管的整体结合牢度不如有芯法。

无芯法成型时不用管芯，直接将挤出内胶坯置于三辊成型机上，两端插入约半米长的标准芯棒，并从一端注入压缩空气（约 0.1MPa），将管坯鼓起，在表面涂抹溶剂（汽油），将胶布平整地贴合在管坯上，放下上压辊进行成型，这时压缩空气压力可加大到 0.3～0.4MPa，以增加胶布层间的致密性。

成型好的管坯用 T 形机头挤出机挤出外胶层，挤出后管体两端用专用夹具将内、外胶层紧密粘合为一体，以免硫化时蒸汽或水渗入夹布层中。在选配挤出机口型和芯型时，要根据成型管坯外径、胶料性能、外胶厚度进行选配，在芯型、口型表面应尽量少涂隔离剂，以防外胶与布层间脱落。在挤出外胶时，管坯牵引速度必须与挤出速率相适应。胶料中发现杂质应及时清除。挤出后的管坯表面应及时涂隔离剂水溶液，后平直放置工作台上，以备硫化。

6.2.3　软芯成型法

软芯成型法成型时管芯采用耐热老化较好的高分子材料制成，并应具有一定刚性和柔性。常用天然橡胶、丁苯橡胶、三元乙丙橡胶、聚丙烯、尼龙等材料制作。为减少软芯在使用过程中伸长变形，有时可加入纤维绳或钢丝绳作骨架。

软芯成型的优点是管坯可盘卷、弯曲，占地面积小，劳动强度低，生产胶管长度不受限，有利于连续化生产及提高生产效率，比三辊成型法效率高2～3倍。

软芯法可生产夹布胶管，见图 6-3，是将挤出的内管坯置于专用成型设备上包贴胶布，再挤出外胶制成。软芯通过 ϕ115mm T 形挤出机挤出内胶。经传送带 2 自然冷却，并送至包布机上。夹布 9 由包布皮带 7 牵引和供布。当内胶经过压辊 3，胶布平贴于内胶的上方，再经倒边装置 4 将胶布的一边压贴在内胶上，

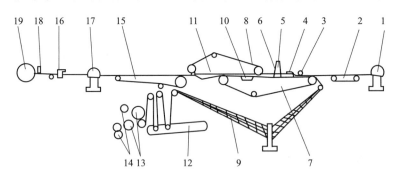

图 6-3　软芯法胶管成型流水线

1,17—ϕ115mm T 形挤出机；2—传送带；3—压辊；4—倒边装置；5—毛刷；6—包布挤辊；

7,8—包布皮带；9—夹布；10—托板；11—半圆形包布器；12—储布装置；13—夹布卷；

14—垫布卷；15—传送带；16—牵引轮；18—导辊；19—卷轴

然后进入包布挤辊 6，它是由两个并列的槽轮组成，胶布和胶管由包布皮带 7 包紧并由压辊压合，同时由设置在挤辊上面的可旋转毛刷 5 将夹布的另一边压倒，并进入第二阶段包布皮带 8 和半圆形包布器 11，将胶布紧包于胶管上，经包布后的胶管由传送带 15 送至 $\phi 115mm$ 的 T 形挤出机 17 挤出外胶，经牵引轮 16 最后卷在卷轴 19 上，供布装置由 13、14 两套交替使用，使生产连续化。

这种工艺的特点有以下几点。

① 包胶布不是用传统的滚卷法，而是用直包法，成型长度不受限。

② 外胶若不用挤出法挤出，也可同上采用直包法。贴合口多余的胶用刀片切割。

③ 包水布工艺不是传统的滚卷法，而是采用盘式缠包法，即成型好的胶管轴向前进，通过包水布机的转盘中心，装在盘上的水布以固定的角度和叠压宽度缠包在胶管上。

④ 内胶挤出前，软芯表面应均匀涂抹隔离剂，挤出时应将软芯顺直地送入挤出机，以免扭转和卷曲。

6.3　吸引胶管

吸引胶管成型与硬芯法夹布胶管成型方法基本相同。对内径为 76mm 以下的胶管，其内胶层多采用挤出后套管、包贴成型。也有用无芯成型的。其主要工艺是将金属丝制成一定螺距和圈径的金属螺旋圈，再套在挤出的内管坯上，然后用三辊成型机包贴成型。此法工艺简单，生产效率高，但管体弯曲性能不好。对于内径 76mm 以上的吸引胶管可采用单机成型、多机成型。

单机成型是从胶层到胶布、钢丝、水布、棉绳全部成型过程都在同一机台完成。

多机成型是各道成型工序分段成型，由各机台分工进行联合作业，组成流水线，可提高生产效率，降低劳动强度，操作安全。

埋线式吸引胶管成型顺序如下：内胶（用套管或包贴法）→贴端部补强胶→贴第一胶布层→贴端部补强布→金属螺旋线→贴中间胶→贴第二胶布层→贴外胶层→缠水布、棉绳。

成型操作要点如下。

① 成型时管芯温度不应高于 40℃，包贴内胶层要紧贴管芯，以免缠水布、棉绳时，管坯扭动。内胶搭头要紧密，防止隔离剂渗入内胶导致起泡、脱层。

② 各层胶布层搭头要互相错开，避免管壁厚薄偏差影响外观和性能。

③ 缠金属丝时两端都要弯曲到一定弧度，使金属丝贴服于管坯上，并用胶

布条固定，以免损坏其他胶层或布层。金属丝必须无油污，锈蚀严重者不能使用。金属丝螺距按要求施工，分布要均匀，否则易造成缠棉绳时乱挡。

④ 包贴中胶、外胶要紧密，不得有露丝、露布现象。

⑤ 各胶布层包贴要紧覆，不得有皱褶。

⑥ 缠水布、棉绳压力适当，棉绳不应有乱挡及松动现象。

7

胶管硫化

7.1 硫化条件

7.1.1 硫化压力

根据胶管结构及工艺，有以下几种加压方法。

① 包水布加压　胶管包水布加压是最普遍的方法，主要特点是不受管径、长度限制，在胶管外表面缠包水布，用手工和机械方法产生压力，方法简单，但要耗用大量布料，并且胶管成品表面留下明显布痕，影响外观质量。

② 介质加压　胶管在硫化罐中采用直接蒸汽或过热水硫化，靠饱和蒸汽压力硫化，如裸硫化法。

③ 包铅加压　包铅加压硫化是根据金属铅与橡胶的热膨胀系数的差异，通过铅层在硫化温度下对胶管产生较大的压力，使管体结构更加致密，同时使胶管表面光滑、平整，还可根据需要制成各种沟纹，即将包铅机口型制成所需的沟槽，使管体表面纵向带有各种凸纹，起到保护和缓冲管体的作用，增大表面抗磨性。

7.1.2 热传导和成品硫化时间

硫化温度和时间是相互制约的一对函数，具体的函数关系可由硫化温度系数计算出来。

① 常用胶种和骨架材料的硫化导热时间　胶管是多部件制品，胶层及骨架层均有一定厚度和不同的热传导性能，因此在确定硫化条件时，首先应掌握胶料及骨架材料的导热性质。

② 成品硫化时间的确定　胶管硫化时间随硫化温度与产品结构不同而定，一般可根据以下经验式确定：

$$T = T_1 + T_2$$
$$T_1 = C + K_1\delta + K_2 i + K_3 i + K_4$$

式中　T——胶管总硫化时间，min；

　　　T_1——胶管正硫化时间，min；

　　　T_2——硫化升温时间，min；

　　　C——胶料正硫化时间，min；

　　　K_1——胶层超过 2mm 后，1mm 所需导热时间，min/mm；

　　　δ——胶层计算厚度（胶层总厚度 2，2 为胶料硫化基本厚度），mm；

　　　i——胶布或纤维线（编织或缠绕）层数；

　　　K_2——每层胶布导热时间，min；

　　　K_3——每层纤维线导热时间，min；

　　　K_4——加压材料所需导热时间，min。

对于软芯胶管或其他结构较复杂胶管，应根据管芯和结构材质及导热性能另行测量。

硫化升温时间 T_2，根据硫化罐大小、加压方式、硫化产品数量等确定，一般取 10～15min，对胶层较厚的还应适当增加，对无芯胶管和裸硫化胶管，升温时间应适当缩短，以便使管坯尽快定型，一般取 3～7min。

7.2　硫化方法

7.2.1　直接蒸汽硫化

直接蒸汽硫化是将成型后的管坯置于硫化罐中，以直接蒸汽为介质硫化。

① 缠水包布硫化　该法是胶管最常用的硫化方法，操作简单，生产效率高，设备简单，成本低，质量较稳定。硫化前将缠好水布的管坯平放在硫化车上，排列整齐，要留有一定间隙，防止相互挤压，最低层要用软垫垫好，硫化后胶管要经水充分冷却后再脱水布。

② 包铅硫化法　适用于大长度无芯及软芯编织、缠绕胶管。主要特点是根据金属铅与橡胶热传导系数的差异通过铅层在硫化温度下对胶管产生较大压力。胶管硫化后密度高，表面光滑、平整，产品质量好，可实现连续化生产。但生产过程中会产生一定的铅尘，生产车间一定要加强通风和废水处理以及必要的防护措施，以免影响人体健康。

包铅机有两种结构，一种为柱塞式包铅机；另一种为螺杆式包铅机。柱塞式包铅机只能间断作业，而螺杆式类似挤出机形式，可连续作业。

柱塞式包铅机包铅时，熔炉内熔融的铅液顺着墨槽注入包铅压力室内，通过固定在模具上面的水压圆筒柱塞的移动，将压力室内的铅液压入口型与芯型之间。与此同时，胶管在芯型内通过，其表面即附上一层铅皮。铅由压铅机出来的温度应调节在 $200\sim220℃$，包铅速度为 $27m/min$，包铅机水压为 $20MPa$，柱塞总压力为 $200\sim300t$。

螺杆式包铅机原理类似螺杆挤出机，铅液由熔铅炉通过管道不断输入包铅机，连续包铅，生产效率比柱塞式高 2 倍左右。

包铅硫化法铅层厚度根据胶管规格而定，一般为 $2.5\sim3.5mm$，铅层内径要比胶管坯外径稍小，一般小 $1.5\sim2.5mm$，使铅层对胶管施加一定压力。但压缩量不应过大，过大时会导致胶管尺寸不准确，甚至外胶层表面形成鳞状疤痕。包铅后要往胶管中注入压力水，水压一般在 $0.3\sim0.4MPa$，然后用夹具将两端夹紧，送入硫化罐硫化。硫化后用水喷淋冷却，放掉压力水，然后在剥铅机上将铅套剥下，重新投入熔铅炉中循环使用。

7.2.2　裸硫化

将胶管在裸露状态下于硫化罐中用直接蒸汽硫化，该法工艺简单，劳动强度低，省去缠包水布的工序，生产效率较高。但硫化压力比包水布或包铅硫化要小，掌握不好，易出现气泡、脱层等质量问题。适用于小口径的纤维编织或缠绕胶管、无芯成型胶管。操作时应注意以下几点。

① 盛放管坯的托盘应平整光洁，以免胶管外表面变形。托盘底部应钻若干个小孔，以防冷凝水积聚，导致欠硫或变形。

② 包好外胶的管坯需将两端内外胶封头（不得露出纤维），以免蒸汽进入骨架层。

③ 包覆外胶后的管坯应立即涂抹隔离剂，以免存放和硫化时互相黏结。

④ 为避免胶管硫化时变形，应采用快升温操作，$3\sim5min$ 内达到硫化温度。

7.2.3　水浴硫化

此法适用于无芯成型的夹布胶管。硫化时将管坯浸入水槽中，送入硫化罐硫化。其优点是质量稳定，管体致密性好，变形小。但硫化时，蒸汽需将水槽中的水加热为过热水，因此，热量消耗较大，且硫化速度慢，生产效率低，操作时应注意水槽光洁、平整，管两端封闭，管体严防交叉、叠压，所有管坯要全部沉浸在水中，硫化时尽快升温，并保持恒定压力。

7.2.4　其他硫化方法

① 管道蒸汽硫化　管道蒸汽硫化是连续硫化方法之一，可以实现由内胶挤

出到硫化全过程连续生产，在我国已有成熟的工艺。适用于小口径软芯编织、缠绕胶管硫化。

管道蒸汽硫化法的管道是用无缝钢管连接而成，长度由硫化时间及挤出速率而定。其一端连接于挤出机机头，另一端连接于冷却管内。管道两端必须密封良好，既要防止蒸汽泄漏，又要确保胶管在硫化过程中正常移动。外胶挤出速率必须与连续硫化管道的牵引速度相适应，如配合不好，会有外胶拉断或局部堆胶现象。外胶挤出前的管坯直径应均匀一致。胶管靠一个可调速的牵引机带动，当走完管道全程，即完成硫化全过程。硫化好的胶管通过水压脱芯（压力为 0.1～0.15MPa），硫化时应掌握管道全长应有一定斜度（约 1：100），管道末端有汽水分离器，及时将冷却水排走。蒸汽管道内要安装自动恒压装置，保证内压恒定。胶料配方应注意尽量快速硫化，蒸汽压力一般控制在 0.4～0.5MPa，压力过高，两端密封问题不易解决。

软芯表面隔离剂要适量，太多时，管坯容易移动。

② 盐浴硫化　以硝酸钾、硝酸钠、亚硝酸钠等高熔点金属盐类按一定比例配成混合物，加热使熔盐温度达 150℃ 以上，将胶管通过熔盐，在常压下硫化，也可通入压缩空气在加压下硫化。

此法适用于无芯、软芯编织或缠绕的小型胶管，可以连续硫化。操作中管坯需经真空挤出机包外胶后立即进入盐浴槽中，靠一条不锈钢带压入盐浴中硫化。硫化完毕应经过水洗、冷却、整理工序处理。

③ 微波硫化　此法适用于小口径无芯法、软芯法的编织或缠绕胶管，胶料必须是极性橡胶，否则硫化效率很低。

微波硫化的原理是极性的介质分子在高频交变的磁场作用下，发生分子高频振荡，分子链间大量生热，达到由内及表的硫化目的。微波硫化是在常压下进行的，因此，胶料中配合剂成分及水分含量应严格控制，低挥发组分含量应尽量少。

此法生产效率高，可连续化生产，但设备投资大，产品规格受到一定限制。

7.3　胶管接头

7.3.1　胶管接头的种类

胶管接头的种类很多，但还没有一个统一的分类方法。为了叙述方便，将接头的种类做如下分类。

（1）按胶管的使用压力分类

① 低压胶管接头　胶管的使用压力在 2.0MPa 以下。

② 中压胶管接头　胶管的使用压力为 $2.0\sim6.9MPa$。

③ 高压胶管接头　胶管的使用压力为 $6.9\sim31.4MPa$。

（2）按接头的装配方式分类

① 装配式胶管接头（或称可拆式胶管接头）。

② 扣压式胶管接头（或称不可拆式胶管接头）。其中又可分为：

a. 轴向扣压式胶管接头；

b. 径向扣压式胶管接头。

径向扣压式胶管接头又可分为局部扣压式胶管接头和全部扣压式胶管接头。

③ 自由插入式胶管接头　这类接头一般只适用于使用要求不高、工作压力很低、经常拆卸和移动的场合，如普通风水管、低压纤维编织（缠绕、针织）胶管、夹布胶管、输水胶管和输油胶管等。

（3）按接头结构分类

① 应力密封式胶管接头；

② 压力密封式胶管接头（自密封式胶管接头）；

③ 抗拔脱式胶管接头；

④ 预成型式胶管接头（在胶管成型时将接头与胶管制成一体）。

（4）按接头芯管表面几何形状分类

① 锯齿形接头；

② 圆弧形接头；

③ 沟槽形接头；

④ 波浪形接头；

⑤ 圆锥形接头。

（5）按接头的密封形式分类

① 端面（橡胶圈）密封式接头；

② 锥面硬密封式接头；

③ 锥面 O 形橡胶圈密封式接头；

④ 球面密封式接头；

⑤ 卡套密封式接头；

⑥ 扩口式锥面密封式接头；

⑦ 圆锥管螺纹密封式接头。

（6）按接头的连接形式分类

① 螺纹连接式接头；

② 法兰连接式接头；

③ 快速（U 形卡）连接式接头；

④ 自锁连接式接头；

⑤ 铰接连接式接头。

（7）按接头的角度分类

① 直通式接头；

② 90°弯形接头；

③ 45°(135°) 弯形接头。

从以上胶管接头的分类中可以看出，胶管接头的种类繁多，形式多样，而且各种形式接头几乎都是相互匹配交叉使用，或者将几种接头形式综合应用于一体，从而使胶管（软管）达到使用要求。

7.3.2　胶管接头的选用原则和设计依据

由于胶管接头种类繁多，在实际使用中正确选择或设计一般应考虑如下几点：

① 胶管的使用条件

a. 工作压力范围和工作状态。

b. 工作介质和温度。

c. 工作环境。

② 胶管安装的部位、连接形式及密封形式。

③ 胶管的规格及最小弯曲半径。

④ 胶管的结构及材料。

⑤ 设备维修、更换管路的难易程度。

⑥ 对软管及接头安全可靠程度的要求。

⑦ 制造工艺的可行性及经济性。

根据上述诸方面的要求，就可以确定胶管接头的结构形式、连接形式和密封形式，以及接头的制造方法和总成的装配方法等基本要求。

7.3.3　胶管接头的主要类型

胶管接头的主要类型及应用范围见表 7-1。

表 7-1　胶管接头的主要类型及应用范围

接头类型		接头方法	应用范围
低压用胶管接头	凸筋型	接头有胶管成型时与管体制成一体	多用于海上输油胶管、重型钻探胶管、冶金机械设备输水胶管、输送混凝土胶管及其他输送固体物料的胶管等大口径胶管
	波浪型	此类接头可用金属管液压成型,也可在金属管表面用机械加工方法制成。将接头插入胶管孔内,再用专用夹箍或铁丝扎紧即可使用	多用于夹布胶管、纤维编织胶管和纯胶管

续表

接头类型		接头方法	应用范围
低压用胶管接头	锯齿型	将接头插入胶管内以后,在胶管端部的外表面用夹箍、铁丝或扁钢带扎紧	此类接头应用较广,多用于夹布胶管、纤维编织胶管、合成树脂软管及大口径排吸胶管等
	凹槽型	凹槽可制成矩形、圆弧形、梯形和三角形,胶管外部需用铁丝扎紧	多用于大口径、管壁较厚、管径不易扩张的胶管
	扣压式	外套多采用薄金属板冲压成型,芯管用机床加工,与胶管组装后在外套的中段进行局部扣压	一般常用于汽车刹车胶管、打气筒胶管、喷雾器胶管、灭火器胶管等小口径胶管
高压用胶管接头	锯齿型扣压式	锯齿型扣压式胶管接头包括外套、芯管两个部件。接头外套内部多为锯齿形,且齿形等高;芯管屈服极限较低,扣压时,芯管易变形,并且插胶管端外圆上环槽较窄,外圆胶管内孔为过渡配合	广泛应用于高压钢丝编织胶管和高压钢丝缠绕胶管的连接,适用于各种矿山工程机械、采煤机械、冶金机械、起重运输机械及其他液压设备的液压系统
	凹槽型螺纹连接扣压式	装配过程比较麻烦,但径向扣压和轴向扣压两种方法都可采用	应用比较普遍,适用于高压钢丝编织胶管和高压钢丝缠绕胶管的连接,可在各种液压机械设备上使用
	锯齿型外套尾部扩口扣压式	该法是外套尾部不扣压,在外套和压后开成伞状扩口,可减少外胶层鼓包	应用比较普遍,适用于高压钢丝编织胶管和高压钢丝缠绕胶管的连接,可在各种液压机械设备上使用
	圆弧型局部扣压式	装配过程相对简单,但径向扣压和轴向扣压两种方法都可采用	应用于使用温度较高、压缩量较大的高压钢丝编织胶管和高压钢丝缠绕胶管的连接。可延缓密封应力下降和应力松弛时间,脉冲寿命较长
	锯齿形预先组合扩口扣压式	外套和芯管的结合处用扣压法组合后再与胶管装配,扣压时只压缩外套与胶管连接的部分,但外套尾部不扣压,形成伞状扩口,可减少外胶层鼓包	适用于各种液压机械设备的高压钢丝编织胶管和高压钢丝缠绕胶管的连接
	凹槽型抗拔脱扣压式	芯管跟部的锯齿和外套内表面直接夹紧胶管的骨架层,可以提高胶管和接头的抗拔脱强度,装配工艺较麻烦,内外胶层均应剥去	适用于各种液压机设备的高压钢丝编织胶管的连接
	软金属环分段扣压式	采用分段扣压的方法,在外套扣压部位的内部加铝环,以用夹紧胶管的骨架层,这种接头的长度比其他形式的接头长,有较高的密封性能和较大抗拔脱强度	适用于较大口径的高压钢丝编织胶管
	软金属环扣压式	胶管内外胶层均剥去一段,分别在骨架层的上下加入铝环,扣压后夹紧骨架层,可提高胶管和接头的抗拔脱强度,但装配麻烦	适用于各种液压机械设备的高压钢丝编织胶管的连接
	整体接头扣压式	外套和芯管焊接成一个整体,扣压时将焊接部位空出,轴向和径向两种扣压方法均可使用	适用于输送气体介质的高压胶管

续表

接头类型		接头方法	应用范围
高压用胶管接头	装配式1型	芯管为圆锥形光滑表面,外套内表面为锯齿形槽,外表面为带锥度的六角形,外套内的螺纹和芯管跟部的螺纹连接	适用于各种液压机械设备的高压钢丝编织胶管的连接
	装配式2型	芯管由圆锥形和圆柱形两段组成,与外套连接的螺纹从圆锥面的后段开始直至跟部,外套内表面为锯齿形左旋螺纹槽	适用于各种液压机械设备的高压钢丝编织胶管的连接
	装配式3型	芯管和外套基本上同2型,为增强抗拔脱强度和密封性能,在内胶层和骨架层之间嵌入一圆锥形金属件,装配后与外套直接压紧骨架层,但装配较困难	适用于各种液压机械设备的高压钢丝编织胶管的连接
	装配式4型	芯管为圆锥形,表面有三条半圆槽,跟部为圆锥面,用以压紧软金属环,外套内表面为左旋锯齿形螺纹槽,外表面为带圆锥的六角形,内表面的螺旋和芯管跟部的螺旋连接,软金属环装入胶管孔内与骨架层接触,装配后与外套直接压紧骨架层,可提高抗拔脱强度,装配较麻烦,需剥去内外胶层	适用于各种液压机械设备的高压钢丝编织胶管
	装配式5型	接头由四个金属件组成,其中一U形断面的软金属(铝)环将骨架层向外翻转与外套的凸出部分夹紧,可提高抗拔脱强度,装配麻烦,内外胶层均需剥去较长一段	适用于各种液压机械设备的高压钢丝编织胶管
	装配式6型	芯管和外套的内表面同2、3型,外套外表面为圆柱形,在其最前端铣成两个平面,供装配时用扳手旋紧	适用于高压钢丝编织胶管和高压钢丝缠绕胶管的连接
	装配式7型	芯管为圆锥形光滑表面,外套内表面为螺纹沟槽,外表面为圆柱形,其中段为六角形,前端的外螺纹与一螺母连接	适用于高压钢丝编织胶管的连接
	螺栓夹紧式	芯管表面为锯齿形,外套由两瓣组成,内表面为梯形槽,胶管不剥内外胶,装入芯管后用螺栓使外套夹紧胶管	适用于较大口径的高压胶管连接,接头体积较大、较笨重,适于维修现场临时更换
		芯管表面为波浪形,外套由两瓣组成,内表面有半圆形凸筋,胶管不剥内外胶直接装配,用螺栓使两瓣外套合拢夹紧胶管	适用于较大口径的高压胶管的连接。但接头体积较大、较笨重,适于维修现场临时更换
	三瓣装配式	芯管表面有半圆形沟槽,外套由三瓣组成,内表面半圆形凸筋,胶管不需剥去内外胶层,装配后用前后两个金属环将外套合拢夹紧胶管	适用于较大口径的高压胶管连接
	锥套装配式	芯管为光滑的圆柱形表面,锥套由内套和外套两部分组成。内套可制成两瓣或三瓣外表面带有锥度,与外套内表面的锥度配合,胶管不剥内外胶层,装入芯管后将内套合拢,套上外套即可	可用于高压钢丝胶管的连接

7.3.4　胶管接头的连接形式和密封形式

　　胶管接头与各种液压或气动系统的管路等的连接形式是多种多样的，可根据使用部位、工作条件、压力高低、操作条件等多种因素综合确定。常用的连接和密封形式列于表 7-2。

表 7-2　胶管接头的连接和密封形式

名称和型号	简要说明
A 型扣压式螺母连接	螺母与芯管采用扣压的形式连接,芯管端部平面用 O 形橡胶密封圈密封
A 型套入式螺母连接	螺母在接头装配前套在芯管上,芯管端部平面用 O 形橡胶密封圈密封
A 型钢丝锁紧螺母连接	螺母用钢丝环与芯管连接,芯管端部平面用 O 形橡胶密封圈密封
B 型卡套式连接	用卡套式管接头用螺母和卡套连接与密封
C 型扣压式螺母连接	螺母用扣压法与芯管连接,芯管端部为内锥面,角度 60°或 74°,靠锥面硬密封
C 型套入式螺母连接	螺母在接头装配前套在芯管下,芯管端部为内锥面,角度 60°或 74°,靠锥面硬密封
C 型钢丝锁紧螺母连接	螺母用钢丝环与芯管连接,芯管端部为内锥面,角度 60°或 74°,靠锥面硬密封
D 型扣压式螺母连接	螺母用扣压法与芯管连接,芯管端面为球面,靠球面与内锥面密封
D 型套入式螺母连接	螺母在接头装配前套在芯管上,芯管端部为球面,靠球面与内锥面密封
D 型钢丝锁紧螺母连接	螺母用钢丝环与芯管连接,芯管端部为球面,靠球面与内锥面密封
E 型阳螺纹连接	饼管端部外表面阳螺纹,内表面为内锥面,角度 24°,靠内锥面硬密封
E 型法兰压板连接	用整体的或可分离的法兰压板连接的端面的凹槽内用 O 形橡胶密封圈密封
G 型扣压式螺母连接	螺母用扣压法与芯管连接,芯管端部为外锥面,角度有 22°、24°、40°、60°、90°多种
G 型套入式螺母连接	螺母在接头装配前套在芯管上,芯管端部为外锥面,角度有 22°、24°、40°、60°、90°多种
G 型钢丝锁紧螺母连接	螺母用钢丝环与芯管连接,芯管端部为外锥面,角度有 22°、24°、40°、60°、90°多种
H 型扣压式螺母连接	螺母用扣压法与芯管连接,芯管端部为 24°角的外锥面,并有一矩形槽,用 O 形橡胶密封圈密封
H 型套入式螺母连接	螺母在接头装配前套在芯管上,芯管端部为 24°角的外锥面,并有一矩形槽,用 O 形橡胶密封圈密封
H 型钢丝锁紧螺母连接	螺母用钢丝环与芯管连接,芯管端部为 24°角的外锥面,并有一矩形槽,用 O 形橡胶密封圈密封
I 型锥管螺纹连接	芯管前端的阳螺纹为锥管螺纹,用以连接和密封

7.4　储运和保养

7.4.1　胶管的运输

胶管在装卸和运输过程中，应注意如下几点。

① 胶管在装卸过程中，要做到轻装轻卸，对带有金属螺旋线的胶管（如吸引胶管、铠装耐压胶管等）。尤其要注意螺旋线的受损或变形。

② 胶管需分类按卷（条）整齐装运，要避免管体过度弯曲和打折，并不应在胶管上堆压其他重物。

③ 严禁将胶管与酸、碱、油类及有机溶剂、易燃易爆物品混装；管体不应与带有尖刃的货物直接接触。

④ 对于需平直运输的胶管，当长度超出装载车厢时，其超长部分应以托架支撑，以防胶管在地面拖擦受损。

⑤ 胶管若因故需在露天（或车站码头）暂时停放时，场地必须平整，胶管要整齐平放，并做到下垫上盖，不堆压重物；同时，胶管不能与热源接触。

⑥ 搬运胶管时，不应随地拖拉，对重型胶管应采用起重设备或专用机具装卸，并防止胶管受到意外损伤。

7.4.2　胶管储存

胶管在储存过程中，应注意如下要求。

① 存放胶管的库房，应保持清洁、通风，相对湿度在 80% 以下，库房内的温度应保持在 $-15\sim40℃$，并避免胶管受阳光直射和雨雪浸淋。

② 胶管储存时，应根据不同的品种规格分别放置不要混杂堆放，并标明示牌以利存取。

③ 胶管尽可能在松弛状态下存放，一般对内径在 76mm 以上的胶管应平直状态下存放。

④ 为了防止胶管储存时管体受压变形，堆垛不宜过高，一般垛高不应超过 1.5m；并要求胶管在储存期间经常"倒垛"，一般每季度不少于一次。

⑤ 胶管储存时，不应与酸、碱、油类及有机溶剂或其他腐蚀性液体、气体接触；并应离热源 1m 以外。

⑥ 对一些特殊用途的专用胶管（如输、吸食品用胶管等），在储存（或运输）过程中，除需遵守上述规定和要求之外，还应保持管体清洁，以防胶管受污。

⑦ 胶管在储存期间，管体上严禁堆放重物，并防止外界挤压和受损。

⑧ 胶管的储存期限，一般不应超过一年。并应做到先入库者先使用，以防因储存过久而影响胶管质量。

7.4.3 胶管的使用、维护和保养

由于胶管的用途广、品种多、结构不一、使用条件复杂，因此，胶管使用寿命的长短，不仅取决于胶管本身质量的好坏，同时还与正确使用和保养密切相关，在某种意义上说，后者比前者更为重要。因此，胶管在使用中应该做到正确使用、经常观察、及时检查，要避免一些不恰当的操作，根据实际使用情况，采取一些必要的维护保养措施，以延长胶管的使用寿命和防止事故的发生。

（1）一般要求

① 根据使用条件，正确选择胶管品种和规格尺寸，防止错用和代用。严禁以低压胶管代替高压胶管使用，或以普通（空气或输水）胶管代替输送酸（碱）或油类等腐蚀性介质的特种胶管使用。

② 对输送酸（碱）、油类等介质的胶管，每次使用完毕，应将管内介质排出，并及时清洗，以防残留物对管体的侵蚀。

③ 季节性使用的胶管（如农业灌溉用胶管），用毕需经清洗后妥善保管存放。

④ 胶管在使用中，应避免外界挤压和机械损伤，必要时可采取弹簧套或编织网套等保护。

⑤ 胶管使用时，应避免局部弯曲过大或管体打折。一般胶管使用时的最小弯曲半径应不小于胶管内径的 15 倍；高压胶管应在规定弯曲半径以上的情况下使用。

⑥ 带有金属螺旋线的胶管，在使用中要防止外力碾压，以免造成管体变形，影响使用性能。

⑦ 胶管在加压时，要逐步升压，避免突然升压和过多的压力波动。并严禁超压使用。

⑧ 因工作场地变动而需要搬移胶管时应采用搬运工具搬移，防止与地面拖擦。

⑨ 胶管在使用时，管体外表应避免与酸（碱）、油类及其他有机溶剂等腐蚀性物质接触，并防止胶管接触任何热表面。

⑩ 胶管每次用毕，应检查有无局部机械损伤，胶管端头、管体以及胶层有无破损等异常现象，以防胶管再次使用时由此而产生事故。

⑪ 胶管在使用期间，应定期做试压检查。一般胶管使用满 6 个月或 1000h 即需检查；高压胶管、制动（刹车）胶管等使用危险性较大的胶管，使用满 3 个

月或 300h，应至少做一次压力试验，以判断胶管的完好情况。

（2）液压胶管使用注意事项

① 应按规定液压介质使用，不得错用或代用。例如不能以磷酸酯类介质用于普通液压胶管。

② 胶管的使用温度应严格控制，若使用的环境温度超过 70℃ 时，则胶管外层加隔热保护层。

③ 胶管在易受外界损伤的场合使用时，应在管体外层用铠装编织层或弹簧套予以保护。

④ 胶管使用时，压力波动应尽量控制在规定范围内，并严禁超压使用，以保证胶管的使用安全。

⑤ 胶管使用时的实际弯曲半径，应大于规定的最小弯曲半径值。

⑥ 胶管在输送介质过程中，其流速对胶管的使用寿命也有一定影响。一般情况下，速率高比速率低的使用寿命要短些。通常胶管的输送流速以每秒不超过 6m 为宜。

（3）重型排、吸油胶管使用注意事项

① 胶管工作时，应防止胶管与码头（或船体）产生摩擦；并根据船体与水位的落差，随时调节支撑距离，以免胶管在工作时过度弯曲而变形受损。

② 胶管在使用过程中，应随时随地注意实际工作压力，严防超压使用，以免胶管产生泄漏或爆破。

③ 工作完毕后，应及时清洗，如采用蒸汽冲洗（扫线）胶管时，其蒸汽压力不宜过高，而且冲洗的时间尽量要短，以免影响胶管使用寿命。

（4）钻探胶管的使用注意事项

① 不得将胶管作为灌注石油之用，以免胶管受到侵蚀而引起早期损坏。

② 胶管应在泥浆泵上装有气包的情况下使用，在使用过程中，要防止胶管折叠和扭曲，并不使管端受到急剧弯曲。

③ 胶管在使用时，应注意压力波动，并防止超压使用，保证使用安全。

④ 胶管使用完毕，应及时清洗存放。

7.5　胶管成品检验

胶管成品检验包括解剖试验和整体使用性能试验。

7.5.1　解剖试验

为了解胶管产品的质量情况，一般要从正常产品中，按照标准规定抽取一定量的样品，对内、外胶层进行拉伸强度、耐化学药品、耐温度等性能和骨架层与橡胶层、骨架层之间黏合强度等进行测定。胶层的物理性能试验，按照橡胶物理性能试验有关标准进行。

7.5.2 　整体使用性能试验

（1）胶管耐压试验

胶管耐压试验目的是测定胶管制品的使用安全系数、管体气密性、变形情况，以及胶管在受压情况下变化、扭转和爆破压力等。

（2）胶管脉冲试验

胶管脉冲试验是利用液体压力瞬间变化产生的脉冲作用，来考核胶管和其金属接头的耐脉冲次数，即考核胶管及其总成的脉冲寿命试验。

脉冲试验基本上是利用模拟胶管实际使用条件进行的。脉冲次数越高，胶管的使用寿命越长。

（3）耐真空度试验

对于吸水、排泥、吸油、吸酸（碱）等排吸胶管，是在负压下工作，必须进行耐真空度试验。即将胶管抽到规定的负压后，检查有无脱层、塌陷、变形等缺陷。

（4）耐老化试验

胶管在使用过程中经常受到阳光照射、周围环境的侵蚀和影响，使该胶管产生龟裂、发黏等不良现象，降低了使用性能，所以进行耐老化试验是非常必要的。

（5）胶管耐液体试验

对用输送各种液体，如酸、碱、油以及各种化学物质的胶管，则必须对其内、外胶层进行该液体的接触浸泡试验，以评价耐所测液体的性能。

（6）胶管整体强度和拔脱试验

① 胶管拉断试验　胶管拉断试验是测量一些特殊胶管的抗拉断性能和抗拔脱性能的试验。

② 拉脱试验　拉脱试验是在试验机上使胶管总成受到逐渐增加的拉伸强度，直到将其接头拉脱或结构损坏为止。

（7）胶管耐压扁试验

这种试验主要是用于测量可能在使用中经受碾压力作用的胶管，所需的试样一般是从硫化后又经过停放的成品中随机抽取，并在抽取样品上任意部位截取平直、光滑、长度为300mm的三段试样。

（8）弯曲试验

有些胶管的弯曲性能是使用中的重要指标，所以在很多标准中提出该项要求。

耐弯曲试验是测定胶管在达到规定弯曲半径时所需的力，同时还可观察胶管弯曲时的变形和扭转情况。

（9）低温弯曲试验

低温弯曲试验是考核胶管在低温动态弯曲情况下，胶管工作性能保持程度、骨架层的损坏程度，以及接头在低温下的密封性能。

7.6　胶管硫化的常见质量问题及改进措施

胶管在主要工序中常见的质量缺陷及分析、处理方法分别见表7-3～表7-6。

表7-3　挤出管坯常见质量缺陷及分析、处理方法

质量缺陷	主要原因与分析	处理方法
直径尺寸不一致	1. 胶料可塑度不够或可塑度数值不稳定 2. 胶料热炼不匀或热炼不充分 3. 喂料不均匀 4. 挤出速度与牵引速度不一致	1. 严格控制塑炼与混炼胶可塑度,发现问题及时解决 2. 充分热炼,坚持二次热炼,均匀搋炼,控制回轧胶用量 3. 保证供胶连续性,尽量采用连续供胶工艺 4. 调节挤出与牵引速度,使二者匹配(趋于相等)
管壁厚度不匀或压偏	口型与芯偏位	应进行多次调整与校对
管坯有气泡或海绵状	1. 胶料中水分过大,或回轧时胶料中带入水分 2. 胶料中低挥发分过多 3. 热炼或喂料时夹入空气 4. 机头温度过高,或机身与机头温差大,机头突然温度提高 5. 挤出机螺杆压力不足(造型不合理、磨损大、失修)	1. 严格控制原材料及胶料中水分含量 2. 避免使用或少用低挥发分配合剂,如油类软化剂 3. 应按工艺要求控制热炼辊温 4. 应按工艺要求适当控温,由机身至机头逐步升温 5. 定期检修、更换,发现问题及时解决
胶层破裂或有划痕	1. 胶料内有杂质,卫生条件较差 2. 胶料内有自硫胶、熟胶疙瘩 3. 芯型或口型有局部硬伤或毛刺	1. 采用清水作业,注意环境卫生,胶片严禁落地 2. 清除熟胶,对轻微自硫胶应薄通、改炼或经滤胶再用 3. 应进行打磨,保证芯型、口型表面光滑或更换

表7-4　夹布胶管成型质量缺陷及分析、处理方法

质量缺陷	主要原因与分析	处理方法
胶布层水纹,折叠现象	1. 贴于内胶上的胶布层不平直、拼接不平直 2. 成型机压辊压力不匀,或有松动	1. 胶布应撕去布边,每层胶布成型、粘接要铺平 2. 定期检修与更换易损件

续表

质量缺陷	主要原因与分析	处理方法
胶布成型后出现扭劲现象	1. 内胶层与铁芯松动 2. 缠水包布速度过快,受力不匀 3. 水包布张力过大	1. 铁芯直径小,风压、风量过大 2. 适当控制缠水布速度,缠水布要用力一致 3. 适当减小水包布张力
外胶层有搭接痕迹	1. 水包布压力过小 2. 水包布干固、压力减小 3. 外胶层流速过快或有局部自硫现象 4. 外胶层可塑度过低	1. 适当提高水包布压力 2. 缠水包布要浸水,以增大水包布张力 3. 调整配方,缩短停放时间,降低热炼温度 4. 严格控制可塑度
外胶层起泡	1. 外胶层或胶布层含水分 2. 成型时涂抹溶剂未干 3. 包水布压力不足 4. 外胶层有隔离剂或异物 5. 成型时夹入空气	1. 控制外胶层中原材料水分,胶布压延前必须烘干,缩短胶布储存时间 2. 应充分挥发干后再合布层 3. 提高水布压力 4. 应注意工业卫生 5. 成型时适当加大压辊压力

表 7-5　编织、缠绕胶管成型后质量缺陷及分析、处理方法

质量缺陷	主要原因与分析	处理方法
外胶层表面有杂物	1. 胶层中含有杂质 2. 隔离剂中含杂质	1. 注意环境卫生,必要时要经过滤胶 2. 加强管理,杜绝杂质混入
外胶层局部凸起或凹陷	1. 内胶层外径不均匀 2. 挤出外胶时胶料温度不匀 3. 挤出外胶时速度不等、温度波动 4. 喂料不匀	1. 严格控制管坯挤出尺寸及成型质量 2. 充分热炼 3. 及时检查螺杆转速及调温装置 4. 保证连续喂料
外胶层起泡脱层	1. 胶料含水分过大 2. 编织、缠绕层含水分过大或涂刷胶浆未干 3. 外胶层挤出时含水分,夹进空气 4. 外胶层或编织层有脏物	1. 严格控制原材料及胶料水分 2. 编织、缠绕层应充分干燥,缩短停放时间 3. 调节口型,连续供胶 4. 用溶剂清除表面,加强环境卫生
外胶有放置痕迹	1. 外胶层可塑度过大 2. 外胶层挤出后停放时间过长	1. 严格控制可塑度 2. 缩短挤出后停放时间,停放时室温不宜过高
内径不圆	1. 内胶层可塑度过大 2. 管芯有变形现象	1. 内胶层可塑度应尽量低,无芯成型更应注意 2. 及时校正管芯直径,及时更换

表 7-6　胶管硫化时经常出现的质量缺陷及分析、处理方法

质量缺陷	主要原因与分析	处理方法
欠硫(表面起泡、变形、喷霜)	1. 硫化时间短 2. 硫化气压不足 3. 胶料硫化速度慢 4. 管芯内存有冷凝水 5. 硫化罐内冷凝水过多 6. 罐中排布胶管太多,传热受阻	1. 严格控制硫化条件 2. 严格控制硫化条件 3. 适当调节配方 4. 硫化时管芯两端封闭,或铁芯稍有倾角 5. 硫化时定时排冷气,每罐硫化时应先将冷凝水排尽 6. 应根据罐体容积排布
起泡、脱层及海绵现象	1. 硫化中升温过慢或定型过慢 2. 原材料及胶料中含水分过大或织物含水分 3. 溶剂未挥发尽 4. 半成品表面沾有油污、异物 5. 硫化压力不足 6. 解水布时冷却不够	1. 应缩短升温时间,调整配方的定型点 2. 严格控制原材料水分,必要时进行烘干 3. 应加强织物干燥 4. 除尽异物、油迹,注意环境卫生 5. 提高外包水布、线绳压力或采用包铅硫化 6. 硫化后充分冷却后再解水布
外胶层有搭接痕迹	1. 硫化时升温太快、胶料定型太快 2. 外胶层有自硫现象	1. 适当放慢升温时间,适当调整(减缓)外胶硫化速度 2. 清除及处理好自硫胶,改进配方
硫化后有放置痕迹	1. 盛放胶管盘架不平整或有杂物 2. 硫化时排布胶管过多,底层受压过大 3. 枕垫太硬 4. 管芯变形 5. 外胶层硫化速度太慢	1. 盘架要平整、干净 2. 适当减少硫化胶管数量 3. 应垫上软垫 4. 及时检查管芯 5. 调整外胶层硫化速度,裸硫化胶管更应适当加快硫速

参 考 文 献

[1] 张馨，游长江. 橡胶压延与挤出. 北京：化学工业出版社，2013.

[2] 董林福. 胶管成型设备与制造工艺. 北京：化学工业出版社，2010.

[3] 朱信明，张馨. 橡胶制品厂工艺设计. 北京：化学工业出版社，2015.

[4] 聂恒凯. 橡胶加工工艺. 北京：化学工业出版社，2013.

[5] 李延林，吴宇方，翟祥国. 橡胶工业手册（第五分册）：胶带、胶管与胶布. 北京：化学工业出版社，1990.

[6] 杨顺根，白仲元. 橡胶工业手册（第九分册，下册）：橡胶机械. 北京：化学工业出版社，1994.

[7] 纪奎江. 实用橡胶制品生产技术. 北京：化学工业出版社，2001.